U0936174

你的格局决定你的结局

NI DE GEJU JUEDING NI DE JIEJU

梁山水◎著

台海出版社

图书在版编目(CIP)数据

你的格局决定你的结局 / 梁山水著. — 北京 : 台海出版社,
2018.5

ISBN 978-7-5168-1873-2

Ⅰ. ①你… Ⅱ. ①梁… Ⅲ. ①成功心理-通俗读物
Ⅳ. ①B848.4-49

中国版本图书馆 CIP 数据核字(2018)第 089244号

你的格局决定你的结局

著　　者:梁山水

责任编辑:王　萍
装帧设计:芒　果　　版式设计:通联图文
责任校对:王　杰　　责任印制:蔡　旭

出版发行:台海出版社
地　　址:北京市东城区景山东街 20 号　邮政编码: 100009
电　　话:010-64041652(发行,邮购)
传　　真:010-84045799(总编室)
网　　址:www.taimeng.org.cn/thcbs/default.htm
E - mail:thcbs@126.com

经　　销:全国各地新华书店
印　　刷:北京鑫瑞兴印刷有限公司
本书如有破损、缺页、装订错误,请与本社联系调换

开　　本:880mm×1230 mm　1/32
字　　数:260 千字　印　　张:10
版　　次:2018 年 8 月第 1 版　印　　次:2018 年 8 月第 1 次印刷
书　　号:ISBN 978-7-5168-1873-2

定　　价:39.80元

前　言

1

格局，指一个人的眼界、胸襟、胆识等心理要素的内在布局。

宋朝苏轼的《后赤壁赋》中有两句话："山高月小，水落石出。"在高山的反衬下月就变小，当水落下石子就显露出来。人不也一样？当失意、山穷水尽时，最能显露一个人的真实面貌——气度变大，抱怨就变小；胸襟变宽，路就变广；格局够大，问题就消失不见。

有个国王在墙上画了一条线，他问身边的智者："谁能在不碰触线的情况下，让这条线变细一点？"几乎所有人都觉得很困惑，他们认为那是不可能的！只有其中一位智者走到墙边，在旁边画了一条比较粗的线，那条较粗的线并没有触碰到原来那条线，但当那条较粗的线被画出来时，第一条线就变细了。

山高，让你感觉到月小，但其实月并未变小，还是一样大；水枯，让石头露出水面，但其实石头并未移动，还是停在那里。不管遇到任何难题，你还是你。你人生的格局，就在你怎么看自己。

2

一个人的发展往往会受局限，其实“局限”就是格局太小，为其所限。谋大事者必要布大局，对于人生这盘棋来说，我们首先要学习的不是技巧，而是布局。

很多大人物之所以能够取得成功，是因为他们在自己还是一个小人物的时候就在规划自己的人生大格局。他们有一个开阔的心胸，没有因环境的不利而妄自菲薄，更没有因为能力的不足而自暴自弃。

他们在气势、性格和信念上就拥有了正常人所不能拥有的东西，能够用发展的、全局的、战略的眼光来看待生活和工作，相信通过自己的努力一定能够获得成功。

而那些格局小的人，往往会因为生活的不如意而怨天尤人，因为一点小的挫折就一筹莫展，看待问题的时候常常是一叶障目不见泰山，因此，也就不可避免地变得碌碌无为。

3

大格局，即以大视角切入人生，力求站得更高、看得更远、做得更大。

大格局决定着事情发展的方向，掌控了大格局，也就掌控了局势。就能够对事业和成功有一个正确的把握，也能对各种资源进行合理分配，这样的话，就能够一步一个脚印地走好成功之路，从而达到人生的巅峰。

大格局不是想拥有就能拥有的，它的建立需要一定的条件，也需要具体的方法和内容。那么，该怎样建立大格局呢？

本书分别阐述了格局的内涵、意义和修炼方法。

在现实生活中，一个拥有大格局的人，对外能够服众，对内能够保持以大局为重的清醒，作出明智的人生选择。而拥有大格局的途径，则是对自己进行一种全方位的打造，其中包括合理的知识结构、适宜的平台、和谐的人际关系以及整合资源的能力……这些，都将为一个人的大格局增砖添瓦，直至搭建起大格局的城池。

目　录

目
录

目录

目
录

目录

第一章

大格局有大志向，每天都是一个进步的过程

1.格局高的人，不会让自己得过且过

停滞不前的生活像是一潭死水，没有波澜，毫无生气。每一个平淡的日子都需要一股动力，像清泉一般，在死寂的水面上激起绚丽的涟漪。若想改变生活，就要随时为自己注入灵动鲜活的泉水，激发起生命的斗志，让麻木消沉的日子离你远去。

国王和王后有了一个漂亮的儿子。在孩子举行洗礼仪式的那一天，有12位仙女前来祝贺，并且每位仙女都带来了礼物。高贵的出身，智慧、力量、英俊，所有世上美好的东西都堆在小孩的面前，看起来他肯定会超过所有那些永垂不朽的人们。正在这个时候，第12位仙女姗姗而来，她带来的礼物是不满。愤怒的国王拒绝了她和她的礼物。

随着岁月流逝，年轻的王子茁壮成长，简直就是完美的典范。在他的心中，没有因为不满而产生的那种渴望追求什么的迫切感。他性情温和，行动安静，时光一天天地从他身边流逝，王子的心灵渐渐地枯萎了。终其一生，他一事无成。最终，国王才领悟到那被拒绝的礼物才是最珍贵的礼物。就这样，一个本来应该干一番轰轰烈烈事业的人在满足里变得平庸了。

定位高的人，在常规生活中由于感觉不满，感觉到自己有从事其他事业更大的天资，于是放弃了原先受过专门训练的职业。

伏尔泰就是因为发现法律学习枯燥无味，不可忍受，才转而从事文学创作的；大文豪鲁迅先生原本是学医的，后来觉得文学创作更能拯救中华民族的灵魂，继而投身到拯救人们的精神世界中，成为一代文学泰斗。

也有一些人是脱离其他职业之后，真正的才能才显露出来。许多英国资产阶级革命的领军人物在成为功绩显赫的士兵之前，曾经一度是牧场工人或啤酒酿造者之类的。拿破仑最欣赏的一位军事历史学家曾经还是一个股票经纪人；而华盛顿元帅则做过一段时间的缝纫用品商人。

有一位心理学家曾经说过一句很耐人寻味的话：我们所从事的往往不是我们所擅长的。当然，这其中有很多无法改变的客观原因。在大部分情况下，伟人们也和常人一样，在父母的安排下迈进生活的常轨，但他们很快发现自己就像是被挤在四方形洞窟里的圆球，对现状不满，处境逼仄，无用武之地，满心焦虑。

在某次战斗胜利后，有人问拿破仑，是否等到机会来临后，再去进攻另一个城市，拿破仑听了这话，竟大发雷霆，他说：“机会，机会是靠我们自己创造出来的。”“创造机会”，便是拿破仑之所以伟大的原因。因此，唯有去创造机会的人，才能建立轰轰烈烈的丰功伟业。

美国康奈尔大学的生物学教授做了一个著名的实验叫做煮青蛙。

实验是这样的：先把一只青蛙丢进煮沸的水中，由于青蛙反应灵敏，在千钧一发之际，它用尽全身力气跳出水锅，安全地逃生了。

30分钟后，教授们又使用一个同样大小的铁锅，不同的是这次在锅里先放满了冷水，然后把那只曾经死里逃生的青蛙再放进去，这只青蛙在锅里并没有像第一次那样跳出来，而是欢快地表演着它的游泳技巧。接着，他们不断地将水加热，这只青蛙是不会知道大祸降临的，依然在水中自由自在地游来游去，它还以为是在泡温泉呢，当它感到情形不对时，为时已晚，它欲跃乏力，全身瘫软，只好无奈地躺在水里，最终翻起了白肚皮——死了。

由上面的这个实验可以看出安于现状是非常可怕的，缺乏危机意识，等于是对自己的生命不负责任。不管你扮演什么角色，不管你现在多么成功，也不管你现在所处的环境多么舒适，都必须主动改变自己，以应对环境的恶化。

如果安于现状，孔子也许只能是鲁国一个管理钱库财粮的小官，不会成为受万人推崇的“圣人”；如果安于现状，司马相如也许只能是一个酒店老板，不会成为汉赋四大家之一；如果安于现状，毛泽东也许就只能是北京大学的图书管理员，不会引导中国革命走向胜利，不会成为新中国的主要缔造者。

机会对每个人都是公平的，之所以有平庸的人，是因为他们满足现在的生活，机会降临时他们也不去把握，好位置就只好让他人捷足先登，他们不想去竞争，优势最终会被劣势所取代；而那些成功的人绝不会找这样的借口，他们不等待机会，不安于现状，也不向亲友们哀求，而是靠自己的苦干努力去创造机会，他们深知，唯有自己才能给自己创造机会，发挥出优势，才不会让优势变成劣势。

我们总是对安稳的生活恋恋不舍，周而复始地等待着生命的终老……当心灵因疲惫而停下来时，生命也就会随之停下，当人前进的脚步慢慢停止时，生命的机能也会跟着不断萎缩。一旦环境改变，危险袭来，我们就会因为不适应而变得惶惶不可终日。世界是变幻莫测的，我们即便不能与它保持并肩同行，也要及时跟上它的脚步。时刻给自己一股动力，一剂活水，让自己保持充足的活力与高昂的热情，相信无论未来怎样，我们都能坦然地面对。

2.伟大的格局构成伟大的目标

心理学家曾经做过这样一个实验：

组织三组人，让他们分别向着10公里以外的三个村子进发。

第一组的人既不知道村庄的名字，也不知道路程有多远，只告诉他们跟着向导走就行了。刚走出两三公里，就开始有人叫苦，走到一半的时候，有人几乎愤怒了，他们抱怨为什么要走这么远，何时才能走到头，有人甚至坐在路边不愿走了，越往后走，他们的情绪也就越低落。

第二组的人知道村庄的名字和路程有多远，但路边没有里程碑，只能凭经验来估计行程的时间和距离。走到一半的时候，大多数人想知道已经走了多远，比较有经验的人说："大概走了一半的路程。"于是，大家又簇拥着继续向前走。当走到全程的四分之三的时候，大家情绪开始低落，觉得疲惫不堪，而路程似乎还有很长。当有人说："快到了！""快到了！"大家又振作起来，加快了行进的步伐。

第三组的人不仅知道村子的名字、路程，而且公路旁每一公里就有一块里程碑。人们边走边看里程碑，每缩短一公里大家便有一小阵的快乐。行进中他们用歌声和笑声来消除疲劳，情绪一直很高涨，所以很快就到达了目的地。

心理学家得出了这样的结论：当人们的行动有了明确目

标，并能把自己的行动与目标不断地加以对照，进而清楚地知道自己的行进速度和与目标之间的距离时，人们行动的动机就会得到维持和加强，就会自觉地克服一切困难，努力达到目标。

罗斯福总统的夫人在本宁顿学院念书的时候，打算在电信业找一份工作，以补助生活。她的父亲为她引见了自己的一个好朋友——当时担任美国无线电公司董事长的萨尔洛夫将军。

将军热情地接待了她，并认真地问："想做哪一份工作?"

她回答说："随便吧。"

将军神情严肃地对她说："没有任何一类工作叫'随便'。"

片刻之后，将军目光逼人，以长辈的口吻提醒她说："成功的道路是目标铺出来的。"

如果人生没有目标，就好比在黑暗中远征。人生要有目标，一辈子的目标，一个时期的目标，一个阶段的目标，一个年度的目标，一个月份的目标，一个星期的目标，一天的目标……一个人追求的目标越崇高越直接，他进步得就越快，对社会也就越有益。有了崇高的目标，只要矢志不渝地努力，就能做出壮举。

没有大目标的人很可能满足于眼前的利益。然而，他的眼睛仅仅是局限于伸手可及的小目标，这样只会使自己顾及眼前利益，鼠目寸光。只追求小目标的人必然会面对这样的悲剧：自己的所作所为只是在空耗自己的青春。

传说，大唐贞观年间，在长安城西的一家磨坊里有一匹马和一头驴子。它们是好朋友，经常在一起谈心。马负责为主人拉车运货，驴子的工作是在屋里推磨。贞观二年，这匹马被玄奘大师选中，接受了一项艰巨的任务，与大师一起动身去天竺国大雷音寺取三藏真经。

17年后，这匹马跟着大师经历了千辛万苦，驮着佛经回到长安。大师受到重赏，而马也被人们精心打扮一番与大师形影不离，跟随大师去全国各地讲经。不久，朋友见面，老马跟驴子谈起了旅途的经历：浩瀚无边的沙漠、高入云霄的峻岭、火焰山的热浪、流沙河的黑水……驴子听了神话般的故事，大为惊异。

驴子惊叹说：“马大哥，你的知识多么丰富呀！那么遥远的路程，那种神奇的景色，我连想都不敢想。”

马思索了一下，感叹道：“老弟，其实这几年来我们走过的路程是差不多的。”

驴子不理解：“哪里？我的确一点儿见识都没有长！”

马说：“你想，我在往西域走的时候，你不是一天也没有停止拉磨吗？不同的是，我同玄奘大师有一个遥远而明确的目标，始终按照既定的方向前进，所以我们开了眼界；而你却被人蒙住了眼睛，一直围着磨盘打转转，所以总也无法走出这个狭隘的天地。”

这个故事告诉人们，没有大目标的人，无论在生活中，还是在事业上，都容易随波逐流。只有目标远大才会有巨大的成功。

一个人之所以格局高，是因为他树立了一个伟大的目标。伟大的目标可以产生伟大的动力，伟大的动力导致伟大的行动，伟大的行动必然会成就伟大的事业。小目标，小成功；大目标，大成功，这个成功规律永远不会改变。因此，只有拥有一个远大的目标，才能够高瞻远瞩，取得大的成功。

3.为了明天的美好，耐住今天的寂寞

万通集团董事长冯仑说过：伟大是熬出来的。在万通20周年的晚会上，冯仑跟著名主持人崔永元说自己的创业感想，只简单地说了两个字：“死扛。”奇虎360的掌门人周鸿祎，推崇阿甘精神，他认为成功是熬出来的。他说：“只有像阿甘那样懂得坚持的人，一步一步地走下去，才会取得最终的成功。”

也许你刚走出校门，踏进社会，正为谋职而忧心忡忡；也许你拿着几份聘书却取舍两难；也许你对别人步步高升，自己却得不到提升而困惑不解；也许你想闯荡出一番事业，却不知如何开始、如何进行；也许你已经取得了一定的成绩，却不知如何再提升一个层次……但你一定要知道：成功是熬出来的！

西方有一句谚语："罗马不是一天建成的。"人生的成功过程就是一点一滴积累的过程。马克思整整花了四十年的心血才完成了《资本论》；伟大的德国文学家歌德创作《浮士德》用了六十年时间；著名科学家、气象学家竺可桢坚持每天记录天气情况，记录了三十八年零三十七天，其间没有一天间断……

有一个年轻的画家，觉得自己的画作是天下最好的画，自己的天资是古今无人能比的，而自己的画卖不出去的原因就是别人的眼光太庸俗，不懂得欣赏自己的画。但是时间一长，由于画卖不出去，这个画家又不会干其他的事情，就变得越来越穷，住最便宜的旅馆，甚至有的时候连饭都吃不上。

这让他很为难，于是他不得不去找一位老画家请教。当他见到了老画家时就谈起了人们不懂欣赏的心态。这个年轻的画家说："为什么我用一天时间来画的画，用一年也卖不出去呢?"老画家笑着说："你把这两个时间倒过来试试。"年轻的画家如醒醐灌顶，原来不是没人欣赏他的画，而是他的画现在根本不值得欣赏。于是他回去潜心作画，精雕细琢，每一幅画都画得十分用心，终于成为著名的画家。

“水滴石穿”，水滴没有太大的威力，却懂得一个“熬”字。水滴虽小，却从不妄自菲薄，自暴自弃；它不急不躁，永不气馁，始终如一，矢志不移，有一个不达目的誓不罢休的坚定信念。那些失败者之所以失败，最重要的原因就在于他们缺乏耐心而急于求成。当他们等待一段时间，依然没能取得成功的时候，往往就会放弃，或者是转向其他的方向。这才是失败的根本原因。

为了明天的美好，格局大的人一定要熬住今天的寂寞。

事实上，“熬”是最难做的事情，需要熬过无聊，熬过痛苦，熬过一点一滴的时间。人生就像一场马拉松，长跑的过程，必定是枯燥乏味的，然而胜利只属于“熬”到最后的人。出人头地的秘诀有两个——第一个是坚持到底，永不放弃；第二个就是当你想放弃的时候，回过头来看看第一个秘诀。唯有如此，方能成功。

4.不仅胸怀大志，还要从点滴做起

有句话是这么说的：千里之行始于足下。由此可见，任何伟大的工程、任何宏大的理想都源自于一砖一瓦的堆积，任何耀眼的成功也都是从一跬一步中开始的。这一砖一瓦、一跬一步的累积，都需要我们以尽职尽责的精神去一点一滴地完成它。

成功人士大都是这样的人：有高度责任心；工作态度表里如一、一丝不苟；永远抱有激情。他们的成功是一种透明的成功，没有半点虚假，没有半点水分。

全世界人都知道，姚明曾是NBA赛场上的英雄，身价上亿美元；白发斑斑的美国Viacom公司董事长萨默·莱德斯通神采奕奕，永远年轻，他所领导的公司在美国拥有很大的名气；事业有成的比尔·盖茨仍潜心凝神地工作，决意把微软的产品卖到全球每一个地方……在这里，他们的身份各异，或者是球星，或者是公司的董事长，但是仔细想一想，他们的态度却是如此惊人的相似：认真对待工作，百分之百投入工作，从来没有想过要投机取巧，从来不会耍小聪明。

工作就意味着责任，岗位就意味着任务。在这个世界上，没有不需承担责任的工作，也没有不需要完成任务的岗位。工作的底线就是尽职尽责。

坚守岗位，完成任务，这就是我们所说的岗位责任。假如你是公司老板，在分派任务的时候，你会信任这样的人吗？在提升职位的时候，你会首先考虑他们吗？当然会！这样的人无疑是能够完成任务的人。

任何一种工作做久了都会令人心生厌倦、感到没有出路。其实，问题也许并非出在工作本身上，而只是人的心理作用。在工作中，永远都不要忘记随时调整心态，因为工作的突破取决于人自身的突破。

有一个商场招聘收银员，经过筛选有三位女生参加复试。

复试是由老板亲自主持的，当第一个女生走进老板的办公室时，老板拿出一张一百元的钞票，要这位女生到楼下去给他买一包香烟。可是，这位女生认为自己还没有被正式录用，就被老板无端指使，将来的工作一定会有很多麻烦事，于是干脆地拒绝了老板的要求，气冲冲地离开了老板的办公室。

第二个女生走进办公室后，老板也拿出了一张一百元的钞票，要她去买一包香烟。这位女生很想给老板留下好印象，于是爽快地回答了。然而，当她到楼下买香烟时，却被告知这张一百元的钞票是假的，没办法，她只好用自己的一百元买了香烟，又把找来的零钱全部交给了老板，对假钞的事只字未提。

第三个女生也同样被要求去买香烟。当她接过老板递过来的一百元钞票时并没有转身就走，而是仔细地看了看钞票，马上就发现这张钞票可能有问题，于是很客气地要求老板另外再给她一张钞票。老板微笑着拿回了那张一百元钞票。就这样，第三位女生被录用了。

很多时候，一件看起来微不足道的小事，或者一个毫不起眼的变化，却能实现工作中的一个突破，甚至改变命运的走向。所以，在工作中，对每一个变化，每一件小事我们都要全力以赴地做好。

阿基勃特是美国标准石油公司的一名小职员。他有一个习惯：在出差之中，每一次住旅馆都会在自己签名的下方写上“每桶标准石油4美元”的字样，连平时的书信和收据也不例外，签了名就一定要写上那几个字。因此，他被同事起了个“每桶4美元”的外号。渐渐地，他的真名倒没有几个人叫了。公司董事长洛克菲勒先生知道这件事后十分惊奇，心里想：“竟有如此努力宣传自己公司的职员，我一定要见见他。”于是，他邀请阿基勃特共进晚餐。后来，洛克菲勒先生卸任后，阿基勃特就顺理成章地成了第二任董事长。

在签名的时候，写上“每桶标准石油4美元”，这是一件非常小的事。严格来说，它不在阿基勃特的工作范围之内，但他全力以赴地一直坚持着，并把它做到了极致。尽管遭到了许多人的嘲笑，可是他始终都没有放弃这一做法。

在嘲笑阿基勃特的人当中，肯定有不少人的才华与能力在他之上，可是，最后当上董事长的却是他。这是为什么呢？其实，这是因为他能够认真做好每项工作，并且不顾别人的眼光坚守自己原则。

美国青年克雷格·卡尔霍恩年满12岁后，每年暑假都在父亲开的清污公司干活，父亲用一桶清洗液和一把钢丝刷，头顶烈日为儿子上了重要的一课：每一件工作都好比签名，你的工作质量实际上等于你的名字，只要脚踏实地，埋头苦干，迟早会出人头地。

他按照父亲的教导，用钢刷蘸着清洗液把砖头洗得干干净净。后来，克雷格·卡尔霍恩在西南食品超市由包装工升为存货管理员，整天干着装装卸卸、摆摆放放这样细小麻烦的工作，但他却一丝不苟，乐此不疲。有朋友屡次劝他："别把青春耗费在这种没出息的事情上！"他却不以为然，仍是坚守着自己的工作信条：工作无大小，干好当下每件事。

朋友认为他是个大傻瓜，一辈子也干不出什么名堂。然而，他却为自己干好了这桩谁都不愿干的工作而自豪不已，他相信父亲的话："只要自己不断努力，只要认真地做好每件事，上帝一定会眷顾你的。"果不其然，数年后克雷格·卡尔霍恩脱颖而出，成为拥有8家商店，一年总营业收入达5200万美元的企业的老板！

在我们身边，很多人轻视小事，认为小事不值得做，因此为自己的工作留下了隐患。其实，工作中无小事。所有的成功者与我们一样，每天都在对一些小事全力以赴，唯一的区别是他们从不认为自己所做的事是简单的小事。

不要小看小事，不要讨厌小事，只要有益于自己的工作和事业，无论什么事情我们都应该全力以赴。用小事堆砌起来的事业大厦才是坚固的。

5.工作格局不同，带来的人生结局也不同

工作是什么？工作体现了我们面对人生的态度，它决定了我们快乐与否。如果你视工作为一种乐趣，人生就是天堂；如果你视工作为一种义务，人生就是地狱。事实上，天堂或地狱就在一念之间，何去何从都由自己决定。

三个石匠在雕塑石像，有个人路过，就问他们："你们在做什么呢?"第一个人疲惫地回答："凿石头啊，从早忙到晚，累啊！凿完这块我终于可以回家了。"这种人把工作看作是一种苦役，"累"是他们的口头禅。

第二个人抬头看了看，叹口气说："我正在做雕像。没办

法，谁让我有妻子有孩子，他们需要吃饭啊。这活儿我不喜欢，但它酬劳很高。”这种人把工作看作是一种手段，“养家糊口”是他们工作的全部目的。

第三个人却骄傲地指着石像：“你看！我正在完成一件伟大的事业，一件完美的艺术品马上诞生！”这种人以工作为荣，以工作为乐，“这个工作很有意义”是他们对工作的赞美，也是对自己的肯定。

如果我们赋予它意义，不论工作大小，都会使我们感到快乐，并从中收获；如果我们只是把它当成一件不得不做的差事，任何简单的工作也会变得困难、无趣，让我们倍感怠惰，精疲力竭。

工作态度的不同，带来的人生结局也许就会完全不同。

新东方总裁俞敏洪在他的一次演讲中曾经提到这样一个故事：

有一个大学毕业生刚来到新东方时，只找到了一份帮助学生收发耳机的工作，但是他选择了积极的工作态度。在工作时，他一边帮助学生收发耳机，一边认真听每一位老师上课。两年后，他的英语已经达到了很高的水平。同时，由于他听了很多老师的课，不知不觉地，他也掌握了很多教学技巧。

有一天，他跑去找俞敏洪，说他想当老师。当时，俞敏洪感到很吃惊：“一个负责收发耳机的人怎么有能力当老师呢？”

但是，他决定给这个年轻人一个机会。在他试讲之后，大家才发现他的讲课水平已经很高了。

于是他成了新东方的名牌老师，后来又担任了一家分校的校长。面对一开始看似细小的工作，他没有放弃，而是选择了成长，生命从此与众不同。

俞敏洪由此感叹："我们的生命中充满了选择，选择不仅和心情相关，也和命运相关。但凡选择积极的、努力的、向上的生活和工作方式，命运就一定会越来越好；但凡选择消极的、被动的、懒散的生活和工作方式，命运就一定会越来越糟。我们选择什么样的生活和工作方式，决定权在自己，但现在的选择决定了我们的未来。"

工作是什么？工作是我们实现自我价值的舞台。雁过留影，人过留痕。一个人，他的生命目标应该就是自我的完全展示。从这个意义上来讲，工作不仅仅是一个人谋生的本领，更是一个人生命意义的重要组成部分。

李·艾科卡是美国汽车业历史上的传奇人物。他在大学是学工科的，毕业后进入福特汽车公司工作，从见习工程师做起。因为他喜欢和人打交道，后来便从事汽车销售。在这一领域，他充分发挥了自己的经商天分。经过努力，他以独特的市场眼光与销售方法使福特成为全球名列前茅的汽车霸主。1970年，李·艾科卡成为福特汽车公司总裁。在他任总裁的8年时间里，福特公司净赚35亿美元的利润。但由于与亨利·福特不合，后来他被解雇了。

在离开福特的同一年里，他担任了美国第三大汽车公司——克莱斯勒汽车公司的总裁。当时，克莱斯勒公司正处在一年亏损数亿美元的危难时期。李·艾科卡受命拯救残局。他力挽狂澜，带领濒危的克莱斯勒汽车公司从谷底崛起，并在其他汽车公司盈利下降的情况下，创造了高额的利润，写下美国汽车史上的传奇。

1984年4月，美国《时代》周刊的封面上刊登了他的肖像，通栏大标题是："他说一句话，全美国都洗耳恭听！"

李·艾科卡用努力工作造就了自己人生的辉煌，并且为更多的人带来了工作的机会，实现了自我与社会的双重价值。

人生最有意义的事就是工作。人的本质决定了我们必须在社会中生活和工作，并通过工作为组织、为社会、为他人创造价值，同时实现自我。

在工作中，我们可以将自己最擅长的能力发挥出来，应用到孜孜以求的事业上。我们也许都深有体会：解决完工作难题的时刻是我们最开心的时刻；得到肯定和赞扬的时刻是我们最欣慰的时刻；获得胜利果实的时刻是我们最骄傲的时刻；拥有事业成就的时刻是我们最幸福的时刻……所有的这些乐趣和喜悦都是在努力工作中获得的。

6.只选一把椅子坐

如果你的人生没有一个专一的目标，那么无论你做事多么努力、多么勤奋、多么专注，你这辈子注定也是失败的。

有一则以三国赤壁之战为背景的寓言，这个寓言的大意是这样的：北方来的一条猎狗，追赶一只兔子，追到荆州时，看中另外一只兔子，于是这条猎狗对两只兔子同时追起来，一直追到赤壁。两只兔子为求自保，联合起来对付这条嚣张的猎狗。在赤壁这个地方，两只兔子狠狠地教训了猎狗一顿，猎狗被教训后狼狈地逃回北方，两只兔子从此获得了新生。

我们站在现今的立场再回过头来看这条猎狗时，发现这条猎狗犯了好几个错误。

这条猎狗从北方一路赶来追兔子时，捎带着拣了些骨头，把荆州得了去，迫使这只兔子不得不逃。即使如此，这只兔子在当阳还是被猎狗咬了一口，带着伤的兔子继续逃跑。按理说，猎狗应该对这只兔子穷追猛打，一直把兔子咬在嘴里，叼回家，这才符合基本规律。

这个时候，戏剧性的事情发生了。猎狗眼里出现了另一只兔子，这条猎狗不去追已经受伤的兔子，却反过头来追这只刚发现的兔子，受伤的兔子赶紧找到那只刚被追的兔子，两只兔子一合计，决定一起对付这条疯狂的猎狗。

这只猎狗在捡了便宜后，应该好好地把骨头啃一啃，养养精神，再去追兔子也不迟，然而它却在自己没有吃饱的情况下，继续追赶兔子，最后反而被两只兔子算计了一番，结果一只兔子也没有吃到，捎带着连骨头也被兔子抢了一半去。

事实上，我们中的很多人，在笑话这条愚蠢的猎狗的时候，自己不知不觉中也成了这条猎狗。

我们无须再对猎狗的错误做过多的分析了，其实，这条狗的失误就在一个非常简明的数学逻辑上：（1÷2）× 100%=50%。试想，一条狗同时追两只兔子，就不仅仅是分心的概念了，基本上等于半途而废。

人尽管有两条腿，但只能走一条路。再厉害的人，哪怕他会分身术，也只能活上一辈子。从数学逻辑上看，人生的成败就决定于对追寻目标的把握上，人的一生若除以唯一的目标，成功率就是100%；人的一生若除以两个目标，成功率就成了50%；以此类推，追求的目标越多，成功的概率越小，人生之路、事业的追求也就越渺茫。

人一辈子的得失成败、人和人之间的差距和区别，往往就取决于1÷1、1÷2、1÷3……这么简单的数学逻辑上。但凡出类拔萃者，多是目标始终如一的人。奇怪的是，在现实生活中，绝大多数的人们都把小学时就学会的简易除法忘了，拿单一的人生除以杂七杂八的追寻和欲望，使自己的成功率（也就是除法所得的商）一再变小，直至迷失了自我、虚度了人生。

因此，如果你真想追到兔子的话，那么，你千万不要同时去追两只不同方向的兔子。如果你追到了一只，会很遗憾另一只跑了，但你真正应该庆幸的是，你没有两只都追，否则，你遗憾的就不是另一只跑了，而是一只也追不到！

“年轻人事业失败的一个根本原因，就是精力太分散。”这是戴尔·卡耐基在分析了众多个人事业失败的案例后得出的结论。事实的确如此。许多生活中的失败者几乎都在好几个行业中艰苦地奋斗过。然而如果他们的努力能投入在一个方向上，就足以使他们获得巨大的成功。

目标确立之后，就必须心无旁骛，集中全部的精力，注视目标，并朝着目标勇敢地迈进，这是迈向成功的第一步。

有一位父亲带着三个孩子，到沙漠去猎杀骆驼。

他们到达了目的地。父亲问老大：“你看到了什么？”

老大回答：“我看到了猎枪、骆驼，还有一望无际的沙漠。”

父亲摇摇头说：“不对。”父亲以同样的问题问老二。

老二回答：“我看到了爸爸、大哥、弟弟、猎枪，还有沙漠。”父亲又摇摇头说：“不对。”父亲又以同样的问题问老三。

老三回答：“我只看到了骆驼。”父亲高兴地说：“答对了。”

因为目标总是在变动，你就不得不在这个目标和那个目标之间疲于奔命，这是一种没有目的、缺少头脑，而且非常笨拙的工作方法。这种行事方法除了会招致失败以外，还能带来什么呢？

爱迪生说过，高效工作的第一要素就是专注。他说："能够将你的身体和心智的能量，锲而不舍地运用在同一个问题上而不感到厌倦的能力就是专注。对于大多数人来说，每天都要做许多事，而我只做一件事。如果一个人将他的时间和精力都用在一个方向、一个目标上，他就会成功。"

帕瓦罗蒂是世界歌坛上的超级巨星，当有人向他讨教成功的秘诀时，他每次都提到自己问过父亲的一句话。从师范学院毕业之际，痴迷音乐的帕瓦罗蒂问父亲："我是去当教师呢，还是去做个歌唱家？"父亲沉思了片刻回答道："如果你想坐在两把椅子上，你可能会从两把椅子中间掉下去。生活要求你必须有选择地坐到一把椅子上去。"

帕瓦罗蒂为自己选择了一把椅子——歌唱。经过了7年的失败与努力，帕瓦罗蒂才首次登台演出；又过了7年，他终于登上了大都会歌剧院的舞台。

只选一把椅子，多么形象而切合实际的理念！古人云：要有所为，有所不为。这就是说，目标只能确定一个，这样才会凝聚人生的全部合力，集中力量将其攻下。这种理念，与其说是一种严肃的哲学思考，倒不如说是人们为了生存和发展得更好的一种本能的自我优化。

只选一把椅子，意味着在选准全力以赴的事业时，也选择了一种生活。就像贝多芬与音乐、柏拉图与哲学、毕加索与绘画、司马迁与史学、陈景润与数学、袁隆平与水稻……他们所选定的唯一一把人生座椅，决定了各自的人生轨迹及留给后世的声誉。

7.可以不成功，但不能不成长

歌德曾说过："每个人都想成功，但没想到成长。"在生活中，很多人都是如此，他们过于看重成功的荣耀，却忽略了成长的力量。事实上，很多东西都在变化之中，连引导和评判成功的主流价值观都会让人无所适从、难以把握。但是成长却牢牢地握在自己手中，那是我们对自己的承诺。可能有人会阻碍我们成功，却没有人能阻止我们成长。换句话说，很多时候我们可以不成功，却不能不成长，因为成长永远大于成功。

人的一生，从少年到青年，从青年到中年，而后步入老年，在每一段人生历程中，人都可能努力了、拼搏了，却未能获得成功，这是一个不争的事实。因此，压力、烦恼、灰心、不满甚至绝望在很多人身上表露出来，一句流行语“痛并快乐着”道出了众人的无奈。其实很多人之所以会感到无奈和痛苦，都是因为过于看重成功，因此他们总是在生活中不断产生挫败感。其实人应该学会纵比，让自己每一天都有所成长，都比过去进步就好！

成功不是衡量人生价值的最高标准，比成功更重要的是：一个人要拥有丰富的内在，有自己的爱好和追求。只要你有自己真正喜欢做的事，你在任何情况下都会感到充实和踏实。那些仅仅追求外在成功的人实际上并没有自己真正喜欢做的事，他们真正喜欢的只是名利，一旦在名利场上受挫，内在的空虚就暴露无遗。把自己真正喜欢做的事做好，尽量做得完美，让自己满意，这才是成功的真谛，如此感到的喜悦才是不掺杂功利考虑的纯粹的成功之喜悦。

有一位杂技大师，他的拿手绝活是走钢丝。在一生中他表演了无数次都没有失误过，但是却在最后一次表演的时候，不幸从高空摔落丧命。事后他的妻子在接受采访时说：“我就非常担心他这次会出事。他以前表演都是关注自己走好每一步，而不去想结果怎么样，每次都很成功。可这次是他最后一次演出，他太看重了，临上场时反复说‘只能成功，不许失败’。他太关注结果，结果把性命丢掉了。”

在生活中，凡事只要尽力就好，何必一定要事事成功呢？重要的是享受成长的过程。任何一个过程都是自我提高、吸取经验教训的机会。从这一点来说，成长比成功更重要。这就好像观看戏剧，如果你直接越过剧情只看结局，会“得不偿失”，因为少了跌宕起伏的情节，戏剧就变得索然寡味；解方程式，如果你直接跳过步骤写出答案，便会失去只可意会而无法言传的推理演算的快乐。实事求是地说，从始至终，人们因为太看重“终”，反而忽视了过程。其实，一切结果都是由过程演绎出来的，结果本身并不是那么重要。凡经历过“过程”的人，都永远难忘享受过的“过程”。他们对结果并不过分关注，因为结果也意味着结束和“谢幕”。没有“过程”的享受，无疑是人生的另一种缺憾。

生活中成功的机会其实常是可遇而不可求的，而人人都想成功，因此可以说成功是一种博弈的游戏，是一种稀缺品。但是，成长的机会无限，只要你愿意，每天都可以让自己成长。虽然这种成长未必会给你带来更多的财富或显赫的权势，但它会让你轻松漫步人生旅途，以平和淡定的心态面对种种挑战，展现自身的最佳状态。这是另一种成功，甚至是更高层次上的成功。

第二章

大格局有大方向，不为外界压力所动摇

1.一开始就不相信自己，那么你绝不会成功

世界著名成功学之父戴尔·卡耐基曾经说过：“一个年轻人，如果从来不肯竭尽全力来应对所有事情，如果没有坚强不屈的意志，如果没有真诚热忱的态度，如果不施展自己的能力，如果不振作自己的精神，那么他绝不会有什么大成就。”

伟人之所以能够成功，就在于他们相信自己的能力，要求自己一定要超越别人、战胜别人，从而自强不息、奋斗不止、坚韧不拔。所以说，自信是承担大任的第一个条件。只有非常自信，才能成就非常的事业。对事业充满自信而决不屈服，便永远没有所谓的失败。

英国历史上曾经有过这样一件事：杜邦将军未能攻下克切斯城，他在法拉格特将军前面极力为自己开脱。法拉格特将军听完后只说了一句话：“一个重要的原因你没有讲到，那就是你一开始就不相信自己能打败敌人。”

许多事情往往都是如此，如果你开始时就不相信自己能够成功，那么你绝不会成功。明白了这个道理，再依靠自己的努力而不是依靠上天的机遇或他人的帮忙，我们才能在某一方面成为杰出的人物。

有一个法国人，正处在不惑之年，这个年纪本应该事业有

成，但是他却恰恰相反，一事无成。家人对他失望极了，久而久之，就连他自己也认为自己失败至极。

离婚、破产、失业……一连串的打击，使他觉得人生已经失去了价值和意义。由于对生活的不满，他变得越来越古怪易怒，同时也十分脆弱，经不起任何打击。

有一天，他失魂落魄地在大街上走着，一位吉普赛人正在街边摆摊算命。

“先生，算一卦吧！”吉普赛人淡淡地说。

没有什么重要的事，全当是一种娱乐，他坐了下来。

看过手相后，吉普赛人对他说：“天哪，真没有想到，你是一个伟人，真了不起！”

“什么？请不要拿我开玩笑，我可不是什么伟人。”

“你知道你是谁吗？”

“我是谁？”他无奈地笑了笑，“我是一个名副其实的倒霉鬼、穷光蛋和被社会抛弃的人！”

吉普赛人笑着摇了摇头，说：“先生，你错了，你是拿破仑转世，你身体里流淌着拿破仑的勇气和智慧。你就一点也没有发觉，自己长得与拿破仑非常像吗？”

听了吉普赛人的话，这个法国人半信半疑：“不会吧，离婚、破产、失业全部都找上我了，不仅如此，我还无家可归，这样看来，我怎么会是拿破仑转世？”

“刚才你说的只能算是过去，你的未来可了不得，如果你不相信我说的话，五年之后再来找我，到那时，你可是全法国最成功的人。”

这个落魄的法国人带着怀疑离开了，虽然表面上他对吉普赛人的此番言论很不以为然，但是不能否认，他内心有一股前所未有的美妙感觉。在这之前，他跟本没有时间静下心来钻研拿破仑的生平事迹，这一次，他对拿破仑产生了极大的兴趣。

回到家后，他并没有像往常那样，面对满室疮痍唏嘘不已，而是想尽办法寻找和拿破仑有关的著作来学习。

时间长了，他发现，周围的人对他的态度变了，他们都在用一种全新的眼光来看待他，他的事业也越来越顺利。

直到这时，他才领悟到，其实周围一切都没有改变，唯一作出改变的只是他自己。经过一番仔细观察，他发现自己的气质、思维模式都在不自觉地模仿着拿破仑，就连走路，也颇有一点拿破仑的架势。

过了13年，在这个人55岁的时候，他成为了法国一位成功的商人。

如果想让周围的人相信你，想要承担大任的话，首先应该相信自己。自信是成功的第一秘诀。有史以来，没有一件伟大的事业不是因为自信而成功的。

决心就是力量，信心就是成功。当一个人怀着信心去做事的时候，心中就拥有了对所做事情的把握，并且，在这个过程中，会表现出来一种与众不同的气度，而这种气度就是自信。

1987年，麦格雷戈放弃了衣食无忧的“顾问”职位去试着实现他的一个“梦想”。他原来的公司是在机场和饭店向出差的企业人员出租折叠式移动电话的，但这些不能提供有详细记载的计费单，而没有这种“账单”，一些公司就以没有依据为由不给雇员报销电话费。现在急需在电话内装一种电脑微电路，以便记录每次通话的地址、时间、费用。

麦格雷戈知道自己的设想一定行得通，在家人的大力支持下，他开始物色投资者并着手试验，但这项雄心勃勃的冒险进行起来并不顺利。

1990年3月的一个星期五，全家几乎面临绝境。一位法庭人员找上门，通知他们如果下星期一还交不上房租，他们就只有去蹲大街了。

麦格雷戈在绝望之中把整个周末都用来联系投资者，功夫不负有心人，星期天晚上11点，终于有人许诺送一张支票来。

麦格雷戈用这笔钱付了账单，并雇用了一名顾问工程师。但是忙碌了几个月，工程师说麦格雷戈设想的这种装置简直是“不可能”！

到了1991年5月，家庭经济状况重新陷入困境，麦格雷戈只好打电话给贝索思——一家著名的电讯公司，一位高级主管在电话里问了他：“你能在6月24日前拿出样品吗？”

麦格雷戈不由想起工程师的话和工作台上试验失败后扔得到处都是的工具，他强迫自己镇定下来，用尽量自信的声音说：“肯定行！”

他马上给大儿子格里格打去电话——他正在大学读电脑专业，告诉他自己所面临的严峻挑战。

格里格开始通宵达旦地为父亲设计曾使许多专家都束手无策的自动化电路。在父子二人的共同努力下，样品终于设计出来了。6月23日，麦格雷戈和格里格带着他们的样品乘飞机到亚特兰大接受检验，一举获得成功。

现在，麦格雷戈的特里麦克移动电话公司，已是一家资产达数千万美元、居行业领先地位的企业。

任何时候，都不要轻易动摇信心，只要是你所向往的。如果你想实现终极目标，即使是你始终未曾接触过的范畴，也一定要从心里建立起“有信心”的信念。你得从此刻便开始学习感受那份信心，相信自己有资格、有力量取得成功。

可以毫不夸张地说，一个人之所以失败，是因为他自己要失败；一个人之所以成功，是因为他自己要成功。一个平庸的丧失进取动力的人，总觉得自己不重要，成就不了什么大事，因而他扮演的始终是可有可无的小角色。这样的人，从他的言谈举止都显示出信心的缺乏。实践证明，否定自己是一种可怕的思想，它足以产生一种消极的力量，常常使人走向失败之途；而充满信心的人，则常常踏上成功之路。

2.不幸是强者的垫脚石

人的一生中，有阳光明媚的白天，也难免有凄风苦雨的夜晚。当不幸降临时，我们可以选择蜷缩在角落哭泣，也可以用坚强的心给自己点上一盏明灯。

世界上没有迈不过去的槛儿，即使是喜马拉雅山，也有人可以站在山顶征服它。不幸也好，困境也好，对于没有足够勇气挑战它、没有足够毅力征服它的人来说，就是一道不可逾越的高墙；而对于有着坚强内心的人来说，它更意味着一道门，通往人生崭新的境界。

的确，不幸的降临会让人感到委屈和沮丧，但委屈和沮丧之后，要努力地去和不幸抗争。不管怎样，我们要认清楚这样一个真理：无论生活是公平的还是不公平的，都应该坚持自己给自己公平。是的，没有人能解救我们，真正把我们从不幸中解救出来的只有一颗坚强勇敢的心。

顾城说：“黑夜给了我黑色的眼睛，我却用它来寻找光明。”人生中难免有寄人篱下的时候，有在屋檐下的时候，也有目标远在天边似乎遥不可及的时候。然而这些都不是放弃的借口。再深的黑夜也依然会有坚强的人点亮孤灯，而如果你因自己的软弱熄灭了灯，你又有什么权利埋怨夜的漆黑？

海伦·凯勒在一岁半的时候因发高烧差点丧命。她虽幸免于难，但她再也看不见、听不见，接着她又丧失了语言表达能力。万幸的是，她并不是个轻易放弃的人。

她去触摸、去嗅各种她碰到的物品。她模仿别人的动作且很快就能自己做一些事情，例如挤牛奶或揉面。她甚至学会靠摸别人的脸或衣服来识别对方。她还能靠闻不同的植物和触摸地面来辨别自己在花园的位置。

海伦靠手指来感受家庭老师莎莉文小姐的嘴唇，用触觉来领会她喉咙的颤动、嘴的运动和面部表情，甚至在听不见的情况下学会了说话。最终她凭借自己的努力考入了美国哈佛大学的拉德克利夫学院。在大学学习时，许多教材都没有盲文本，要靠别人把书的内容拼写在她手上，因此海伦预习功课的时间要比别的同学多得多。

就在这黑暗而又寂寞的世界里，海伦以优异的成绩毕业，成为一个学识渊博，掌握英、法、德、拉丁、希腊五种文字的著名作家和教育家。她的《假如给我三天光明》感人至深。之后，她走遍美国和世界各地，为盲人学校募集资金，把自己的一生献给了盲人福利和教育事业。她赢得了世界各国人民的赞扬，并得到许多国家政府的嘉奖。有人曾如此评价她："海伦·凯勒是人类的骄傲，是我们学习的榜样，相信众多的因疾病而聋、哑、盲的人都能在黑暗中找到光明。"

海伦·凯勒有一颗坚强、乐观的心，尽管在她的生命中有过很多不幸，但她并没有向命运屈服。她以自己不息的奋斗告诉我们：不管遇到什么样的不幸，我们都要用坚强的心向命运发起挑战，要用自己的肩膀和双手将自己从不幸中解救出来。

那些将不幸打败并最终走向平坦大道的人会告诉你：不幸并没有那么难以打败，只要学会坚强，学会在风雨里微笑着前进，并积极地去学习、去创造，就一定会把自己从糟糕的生活中解救出来。《英国和威尔士的美人》一书的作者约翰·布里敦就是自己将自己从困苦的生活中解救出来的。

约翰·布里敦出生于英国威尔特郡一个非常贫寒的家庭，他的父亲曾经做过面包师和麦芽制作工，因生意被人挤垮而发了疯。那时候的布里敦还是个孩子，面对突如其来的不幸，他感到很委屈、很无措，但并没有因此而堕落。

小小年纪，约翰·布里敦就去叔叔家的酒店干活了，他像个大人一样，帮着伙计装酒、上瓶塞、储存葡萄酒。辛辛苦苦干了五年后，他突然被他叔叔逐出门。兜里只有几个硬币的他，硬生生熬过了七个漂泊不定的年头。

孤苦伶仃、没有任何依靠的约翰·布里敦在他人生中最青葱的年华里，经历了种种委屈。没有人能够帮他，能够帮助他的只有他自己。被叔叔赶出门后，他没钱坐车，便徒步走到了巴恩，在那里找到了一份擦鞋的工作，赚了些路费后，他又去了大城市伦敦。

在伦敦，他身无分文，衣服也是破烂不堪的，根本无法保暖。后来，饿得面色发紫的他终于在伦敦酒店找到一份管窖的工作。这份工作很辛苦，每天要从早上七点工作到晚上十一点，并且要一直闷在漆黑的酒窖里。长时间过度的劳累影响了约翰·布里敦的健康，但他并没有因此就懒下来。为了摆脱穷困的命运，约翰·布里敦一有时间就读书写字，由于他住的地方十分寒冷，他又没钱买炉子，所以一到晚上就不得不缩在被子里看书。

后来，他开始从事律师的工作，这份工作相对轻闲些，工资也比以前高。他在工作之余，会抽空去逛书摊，如果买不起书，就站在那里看，这种方法使他积累了很多知识。又过了几年，他换了一家律师事务所，工资也涨了些，但他仍然坚持看书，并尝试写作。

在28岁那年，他出版了自己的第一本书《皮萨罗的求职经历》。从那以后直到去世，约翰·布里敦一直坚持文学创作。55年间，他出版的作品达87部。

约翰·布里敦值得我们敬佩的地方就在于，他的每一次成长、每一个收获都是以坚强果敢的心从无情的命运手中抢过来的，上天没有赐予他好的出身、好的家庭，但给了他坚强的意志以及不认输的倔强个性，这足以让他受益一生。

可以说，每一个正享受生活甘甜的人，其幸福都是依靠自己强大有力的内心而一点点建造起来的。

巴尔扎克说过："不幸对于懦夫是万丈深渊。"在这个世界上，没有人想做懦夫，但很遗憾，因为实力不济、意志力不坚定，千秋万代的懦夫总是层出不穷。懦弱使他们一次次掉进万丈深渊，轻则受伤，重则万劫不复。

正在苦难中煎熬的你是要做勇往直前的勇者，还是做退缩不前的懦夫呢？懦夫容易做，只不过，一旦做了，就注定一辈子无法从不幸的泥淖中走出来。做勇者虽然苦些、累些，但只要咬牙坚持一下，就能亲手改变自己的命运，让自己获得幸福。

3.命运在你手里，不在别人嘴里

当你对别人说你想做个亿万富翁的时候，恐怕绝大多数人都会觉得你只是说说而已。那些关心你的人会劝你现实点儿，不要给自己增加烦恼，那些轻视你的人则会嘲笑你，说你是异想天开，别说当什么亿万富翁，你能生存下去就很好了。

面对别人的种种说法，你会怎么办呢？是对他们的看法置之不理，还是“虚心”听取呢？希望你能从下面这个故事中得到启示：

1900年7月，在浩渺无边的大西洋上，海风怒吼，巨浪滔天，暴风雨中，一叶小舟一会儿冲上浪尖，一会儿跌入波谷，恶劣的天气和狂风巨浪似乎要将它撕个粉碎。驾驶这叶小舟的这位金发碧眼的年轻人是一位德国的医学博士，名叫林德曼。大海无情，曾经吞噬过无数鲜活的生命。为什么他要孤身一人进行这危险的航行？为什么还要选择这样恶劣的天气？

林德曼在德国从事的是精神病学研究，出于对这份职业的执着，他正在以自己的生命为代价，进行着一项亘古未有的心理学实验。

林德曼博士在医疗实践中发现，许多人之所以会成为精神病患者，主要是因为他们感情脆弱，缺乏坚强的意志，心理承受能力差，经受不住失败和困难的考验，关键时刻失去了对自己的信心。有些看上去体格非常健壮的人，却因为承受不住心理的压力而精神崩溃。林德曼认为：一个人保持身心健康的关键，是要永远自信！

当时，德国举国上下正在掀起一场独身横渡大西洋的探险热潮，全国先后有100多位勇士驾舟横渡大西洋，但结果均遭失败，无一生还。消息传来，舆论界一片哗然，认为这项活动纯属冒险，它超过了人体承受能力的极限，是极其残酷的“自杀”行为。

林德曼却不这么认为。经过对这些勇士遇难情况的认真分析，他认为这些遇难的人首先不是从肉体上败下阵来的，而主要是死于精神上的崩溃，死于恐怖和绝望。

林德曼的观点遭到了舆论的质疑：探险勇士难道还不够自信？为了验证自己的观点，林德曼不顾亲人和朋友的坚决反对，决定亲自做一次横渡大西洋的试验。

在航行中，林德曼遇到了许多难以想象的困难。在漫漫的航程中，孤独、寂寞、疾病，体力的消耗，精力的消耗，都在消磨着他的意志。特别是在航行最后的18天中，遇上了强大的季风，小船的桅杆折断了，船舷被海浪打裂了，船舱进水了。林德曼必须把舵紧紧地捆在腰上，腾出手来拼命地往外舀船舱里的水。

在和滔天巨浪搏斗的整整三天三夜中，他没有吃一粒米，没有合一下眼。那场面真是惊心动魄，九死一生。多少次他感到坚持不住了，感到自己不行了，有时眼前甚至出现了幻觉，准备放弃了，但每当这个时候，他就狠狠地掐自己的胳膊，直到感觉到疼痛，然后激励自己："林德曼，你不是懦夫，你不会葬身大海，你一定会成功的！再坚持一天，就是胜利的彼岸。"

"我一定会成功！"林德曼的心中反复地呼喊着这几个字。生的希望支持着林德曼，最后他终于成功了。

"100多人都失败了，我为什么能成功呢？"他说，"我一直相信自己一定能成功。即使在最困难的时候，我也以此自励！这个信念已经和我身体的每一个细胞融为一体。"

林德曼的故事告诉我们，不管面对什么样的质疑，不论在什么样的困境中，唯一能拯救你的是你自己，你自己的信心；唯一能打垮你的也是你自己，你自己的灰心。

肯定自己是自信、勇敢的表现，能够让我们发现自身价值并激发自身潜能，是改变人生道路的前提。只有敢于肯定自己、正视自己、提升自己的人，才有可能成为强者，做出一番成绩，进而让别人重视自己。所以，别被别人的质疑击败。

每个人都知道自信的重要性，但做到自信却很难。就像那些觉得你不可能成为亿万富翁的人一样，是他们本来不相信自己可以成为亿万富翁，进而将这种不自信转移到了你身上，认为你和他们一样，他们做不到的事情你也未必能做到。

但事实上，你和他们不一样，因为你有自信，而他们没有。因此，不要在乎别人说什么，只要你真的相信自己可以成为一个亿万富翁，那么就坚持自己的想法。你努力之后取得的成果，就是对他们最有力的反驳。正如拿破仑在学校里被嘲讽过千百次，但最终的事实是：不信任他的人全错了。

法国皇帝拿破仑小时候家里很穷，他的父亲借钱把他送到巴黎市的一所军事学校去读书。由于家庭贫困的原因，在学校里拿破仑经常被人欺负。久而久之，拿破仑也开始相信同学们嘲讽他时所说的话了。他心想：同学们说得没错，我怎么可能成功呢？因此，他每天都是忧心忡忡的。

于是，拿破仑开始忍气吞声，在学校里“混日子”。后来，他实在忍不下去了，便写了一封信给父亲，说自己不适合上学，想让父亲接他回家。父亲没有着急，而是在回信中说：“我们穷是事实，但是你必须坚持在那里继续读下去。你不要太自卑了，等你成功了，一切都会随之改变。”

慢慢地，在父亲的鼓励下，拿破仑终于不再自卑。他不再将同学们的侮辱和耻笑放在心上，而是静下心来读书。5年里，他受尽了同学们的欺负，但每一次都会使他的志气增长一分。后来，拿破仑进了军队，开始只是一名少尉。在军队中，由于体格羸弱，他处处受人轻视，上司和同伴们都瞧不起他。但他并没有一蹶不振，而是利用同伴们玩乐的时间努力读书，希望在知识上胜过他们！

拿破仑只专心读那些能使他有所成就的书，而不读那些平凡无用的消遣书。在自己那间闷热狭小的屋子，拿破仑苦学了好几年，仅仅是摘抄的名言警句就达到了4000多页。看着这些书，他不再惧怕孤独。此外，拿破仑还常常喜欢把自己当成前线作战的总司令，运用所学的地理知识和数学知识来“指挥”作战。

渐渐地，拿破仑开始得到长官的青睐，逐渐得到很多实战锻炼的机会，并最终成为了雄才伟略的法国皇帝。而当年那些瞧不起他的人，却都成了他的臣子。

拿破仑听从了父亲的话，最终用信心、努力改变了自己的人生。一个心态上的改变，让拿破仑展现出了不一样的气质。拿破仑之所以能够成为伟人，一个重要的原因就是他克服了自己的缺憾，战胜了自卑心理。

拿破仑没有因为别人的质疑、轻视而否定自己，而是努力奋起，为什么你不可以如此呢？所以，面对别人的流言蜚语，如果处理得好了，它就不会是你前进的阻力，而是一种催你奋进的动力！

4.守护你独一无二的优势

造物主在创造每个物种时，给予了每个人独一无二的、别人无法替代的天赋，你注定会是某领域的“佼佼者”。无论你的生活多么失意，永远不要忘记你一定要守护自己的优势，正如西德尼·史密斯所说：“永远不要丢开自己天赋的优势和才能。”

“三百六十行，行行出状元”，通向成功的道路有许多条，在不同领域、不同行业，人们取得成功所需的才能和智慧是不一样的。许多人之所以能够成为所在领域的佼佼者，秘诀正是发现和发展了自己的特长。关于这一点，我们可以看看奥运会金牌得主、著名的美国跳水运动员格里格·洛加尼斯的例子。

美国跳水运动员格里格·洛加尼斯刚上学的时候很害羞，在讲话和阅读上遇到了困难，为此他受到同伴的嘲笑和捉弄。这令洛加尼斯非常沮丧和懊恼，但他发现自己非常喜欢并且精通舞蹈、杂技、体操和跳水。他知道自己的天赋是在运动方面而不是学习。认清这些之后，他开始专注于舞蹈、杂技、体操和跳水方面的锻炼，以期脱颖而出，赢得同学们的尊重。由于他的天赋和努力，他开始在各种体育比赛中崭露头角。

在上中学时，洛加尼斯发现自己有些力不从心了，因为无论是舞蹈、杂技、体操，还是跳水，都需要辛勤的付出，他不可能有时间和精力去做这么多事。他知道自己必须要有所舍弃了，只能专注于一个目标。但他不知要舍弃什么、选择什么。这时，他幸运地遇到了他的恩师乔恩——一位前奥运会跳水冠军。经过对洛加尼斯的观察和询问后，乔恩得出结论：洛加尼斯在跳水方面更有天赋。洛加尼斯在经过与老师的详细交谈后，认为自己的确更喜欢跳水，他认识到以前之所以喜欢舞蹈、杂技、体操，是因为这些可以使他跳水更得心应手，可以为跳水带来更多的花样和技巧。他恍然大悟，于是专心投入到跳水中去。

经过专业训练和长期不懈的努力，洛加尼斯终于在跳水方面取得了骄人的成绩。由于对运动事业的杰出贡献，洛加尼斯在1988年获得年度运动员奖，达到了一个运动员荣誉的顶峰。

尽管在学业上的表现不甚理想，但聪明的洛加尼斯发现自己的天赋在跳水上，并依靠此天赋获得了辉煌的成就。可见，好钢要用在刀刃上，找准自己的天赋、充分发挥自己的优势，个人价值才能得到最大的体现。

我们所处的社会就是一个大的战场，每个人都想在这个环境中脱颖而出，而我们需要做的就是找到自己的天赋、施展自己擅长的本领，将之作为前提的利器，拼杀出一块属于自己的天空。

不用怀疑，你是某领域的“佼佼者”。不过，由于天赋是一种针对特别领域的天生敏感性，需要对自身的性格、个人能力、兴趣爱好、思维能力等进行全面清楚考虑，因此，我们往往需要长时间的摸索和尝试。

1978年的4月1日，胡厚培迎来了他的第一个孩子——胡一舟。就像愚人节的一个玩笑一样，他很快发现自己的孩子智力有问题，并通过医院得到了证实。医生告诉他：舟舟的基因发生了变异，第21对染色体多了一条，这种情况在医学上被认为是先天愚型患者，属于智力缺陷，并且是医治不了的。20年的时光弹指而过，胡一舟的智商一直在30左右的水平，而正常人的智商则在70以上。长到二十余岁的他，只会从1数到5。他的厚厚的作业本里只有一道三加二等于五的数学题。因为语言障碍，没有逻辑思维能力，他无法上学，几乎不识字。尽管父亲不断用自己的爱心和耐心来培养儿子的智力，不厌其烦地教儿子数数，认简单的字，但是，无论胡厚培动多少脑筋，制作多少卡片，舟舟就是学不会。

但是先天的愚钝并没有遏止舟舟对音乐的感悟，在乐团工作的父亲经常把他带在身边，并参加乐队的排练。或许是从小就不断受到熏陶的缘故，长期的耳濡目染，使舟舟爱上了音乐，当乐队演奏的时候，他经常不由自主地舞动双臂，好像他在指挥着乐队演奏。一次偶然的机会，舟舟竟拿着指挥棒成功地指挥了乐队的一次演奏，让大家感到无比惊讶和意外。这个连最简单的数字都不会认，甚至连自己的名字都不会写的孩子，竟然能表现出交响乐中的节奏、强弱、声部的转换等，并且把老指挥的动作模仿得惟妙惟肖。

自此，6岁的他便被乐团首席第二小提琴手刁岩发现，从此刁岩成了舟舟的指挥老师。十多年的音乐熏陶，使舟舟能熟记十多部中外名曲的旋律，并能惟妙惟肖地模仿乐团指挥家的指挥动作。几年以后舟舟成了世界第一个唐氏病指挥，声名传遍了世界。

以舟舟的智力而言，他再学20年数学，也许只能多会几道简单的数学题，但这对于他的人生来说又有什么帮助呢？他尽力弥补的是一个永远也弥补不了的欠缺。

舟舟是个幸运的孩子，及早地放弃了在其他方面与别人争得平等的努力，发现了别人不具备的音乐天赋。作为一个智力有欠缺的人，他在指挥的时候是快乐的，而看他指挥的观众也是快乐的。在这种对音乐的追求中，他得到了人生的快乐，获得了精神的满足，这足以让他的人生更具非凡的意义。

如果我们教乔丹去踢足球，那么我们将失去一位伟大的篮球巨星；如果我们教马拉多纳去打篮球，结果也一样。爱因斯坦做不了音乐家，贝多芬也做不了科学家。天才只属于某一专长的领域，而不可能、也没有必要精通一切。在这个世界上，事实上也并没有全才，所以，一个人有某方面的缺憾绝不代表他整个人生的失败，舟舟正是这样一个生动的例子。在生活中，他可能是个需要人照顾的孩子，可一旦站在台上，他却能指挥全场、挥洒自如。请相信，每个生命都有他存在的理由，每个生命也都有他精彩的一面。

无疑，很多时候，追求完美，渴望成为大众而非异类的心态会令很多人一旦有了某种缺憾，便立刻一心想着去修补、弥补。但是反过来想想，缺憾本身不也是一种美吗？即便不是美，抛开缺陷，你身上总还有美的地方，我们为什么不欣赏自己的美，而要苦苦去关注自己的不足呢？其实，只要满怀信心地面对自己、欣赏自己，寻找自己的天赋，运用天赋的力量，向着渴望的目标步步推进，成功早晚将会属于你。

5.模仿可以，但不能盲从

一位大艺术家曾对他的模仿者说：“学我者生，似我者死。”这实在是智者之语。学习，免不了要模仿，模仿或许是必不可少的一个学习阶段，但若止于模仿，就变成了盲从。

成绩卓著的人，擅长在模仿中汲取精华，绝不生硬地模仿，因为他们清楚地知道：模仿只是用来拓展自己的思路、增强自己的鉴别力的。

许多精英之所以能够鹤立鸡群，在于他们模仿之后有所创新。他们会从优秀者的身上发现最核心的优势，加以学习，于是身边的人越优秀他们自身也越优秀。不过，他们决不只是生硬地模仿优秀人士的外部行为。

亨利·福特出身寒微，所学无几，又毫无靠山，但是在短短10年间，他就克服了这些缺陷，在25年之内，成为全美乃至世界顶级富豪，这些都是人人皆知的。可是，你是否深究过他成功的奥秘？从福特的个人发展来看，自从他与爱迪生结为至交后，个人发展开始突飞猛进。福特善于将他人的聪明才智、知识经验和精神力量集合起来，以自己的脑力整合。但他并不是一味地模仿，否则为什么只有他成了汽车大王？

巧妙、有效地模仿是经过大脑整合的，不谙此道、一味模仿的人会窘态百出。

斯迪克快毕业时，叔叔给他讲了一个故事。

有一个男孩家境贫穷。一天，他走进一家银行，希望找一份工作，但被拒绝了。他抽泣着，嚼着从好心的姑妈那里偷来的一分钱买来的甘草糖，一声不吭地沿着银行的大理石台阶跳下来，弯腰从地上捡起一样东西。银行家以为他要用石头掷他，于是躲到了门后，却看到那个男孩将捡起的东西装进口袋。

“过来，孩子！”银行家叫道，“你捡的是什么？”“一个别针呗！”男孩回答。“你是个乖孩子吗？上过学吗？”银行家又问。“是的。”男孩回答。于是银行家用金笔写了个“St.Peter”，问男孩是什么意思。“咸彼得。”男孩并没上过学，所以他把“Saint”的缩写“St.”误认为是“Salt（咸的意思）”了。

银行家并没有责备这个男孩，反而让他做了自己的合伙人，分给他一半的利润并把女儿嫁给了他。后来，他拥有了银行家的一切。

斯迪克认为这个故事对他很有启发。于是，几个星期里他每天都去一家银行的门口找别针儿，他盼着银行家把他叫进去，问：“你是个乖孩子吗？”然后问“St.John”是什么意思，他就会回答是“咸约翰”，接着银行家请他做合伙人并把女儿嫁给自己。

终于有一天，一位银行家问斯迪克：“小孩儿，你捡什么呀？”

“别针儿呀。”斯迪克谦虚有礼地说。

“让我瞧瞧。”银行家接过了别针。

斯迪克非常兴奋，他摘下帽子准备跟着银行家走进银行，变成他的合伙人，再娶他女儿为妻。

但是，事情并没像他想象的那样发展，银行家说：“这些别针是银行的，快点离开，要是再让我看见你在这儿瞎转悠，我就放狗咬你！”

斯迪克走开了，那别针也被吝啬的老头没收了。

每个人都有自己的特点，别人能做好的，你未必能行。聪明的人会探究别人做得好的深层原因，而不只是模仿着去“捡别针”。

当你投入汹涌澎湃的盲从激流之中时，便丧失了你的个性。一味地模仿，只会让你迷失真我，沦为被盲从激流所驾驭的提线木偶。因此，你必须选择自己做主，不盲从或过度模仿他人，这样你会更快地走向成功！

6.英雄，就是做自己能做的事

在实际生活中，很多人面临过这样一个困惑：同样一件事，为什么别人做得顺风顺水、洒脱自如，自己却力不从心，甚至步履维艰？在你为此感到失意之时，请先问问自己是否在做自己能做的事？

每个人在做事的时候都会有自己的极限，即最大的承受能力。人不是因为做了最大的事情而辉煌，而是做自己能做的事，如此成功便不再复杂、人生便不再纠结。这正印证了一句话——“英雄就是做他能做的事。”

有一位登山运动员，他曾经有幸参加了攀登珠穆朗玛峰的活动。珠穆朗玛峰的最高海拔为8844.43米，当爬到海拔6400米的高度时，他的身体出现了严重的不适，不得不停下来，返回了基地。

事后，有人为他而惋惜，为什么不再坚持下去，再攀登一点高度，就可以越过6500米的登山死亡线。他回答得很干脆：“不，我自己最清楚，6400米的高度，是我登山能够攀登到的最高处，我一点都不感到遗憾。”

对于这位登山运动员来说，6400米就是他的极限和最大的承受能力，就是他攀登生涯中最高的高度。他懂得保存自己的实力，淡然自若地只做自己能做的事。谁又能说，他不是一位真正的英雄呢？

当我们在成功路上屡屡摔跤，对某件事情力不从心、倍感失意的时候，我们不应该悲观失望、自暴自弃，而是应该静心沉思：我们是不是为了成功而挑战了自己的极限，做了自己无能为力的事情？

要知道，“自然界里的喷泉高度不会超过它的源头”，挑战自己的极限，只会得到英雄主义般的“悲壮”，只会在成功路上屡屡摔跤，自信心就会渐渐泯灭，就会在永久的卑微和失意中沉沦。

很久以前，动物们决定创办一所学校以应付日益变化的世界的需要。在这所学校里，教授一个由跑、跳、爬、游泳、飞行等科目组成的活动课程。为了便于管理，动物们要学习所有的科目。

第一批学员有鸭子、兔子、松鼠、鹰以及泥鳅。

鸭子在游泳这门课上表现相当突出，甚至比他的老师还要好，可对于飞行这门课，只能勉强及格，而对跑这门课感到非常吃力。由于跑得慢，他不得不每天放学后仍留在学校里，放弃心爱的游泳以腾出时间练习跑步，他不停地练呀练呀，脚掌都磨破了，到期末考试时终于获得了勉强及格的成绩。而他的游泳科目，由于长期得不到练习，期末时只获得了中等成绩。

学校对中等成绩是能够接受的，所以除了鸭子本人以外没有人在乎这一点。

兔子在刚开学时是班级里跑得最快的，由于在游泳科目中有太多的作业要做，他不得不整天泡在水里，结果精神都泡得快崩溃了。

松鼠的成绩一向是班级里最出色的，但对飞行科目感到非常沮丧，因为他的老师只许他从地面上起飞，而不允许从树顶上起飞。由于他非常喜欢跳跃，并花了很多时间致力于发明一种跳跃的游戏，结果期末考试时爬行科目只得了个及格，跑得了个良。

鹰由于活泼好动一开始就受到老师们的严格管制。在爬行课上的一次测验中，他战胜了所有的同学，第一个到达了树的顶端，但他用的是自己的方式而不是老师所教的那种方式，因此他并没有得到老师的表扬。

学期结束时公布成绩，普普通通的泥鳅同学，由于游泳还马马虎虎，跑、跳、爬成绩一般，也能飞一点，因此他的成绩是班里最高的。毕业典礼那天，他作为全体学员的唯一代表在大会上发了言。

这就是美国教育家里维斯博士所写的寓言故事《动物学校》。看到鸭子学跑步、兔子学游泳、松鼠练飞翔……你是不是觉得很滑稽？会哑然一笑。但是，你想过吗，你可能就是它们中的一员。

比如，或许你是一个技术型的员工，不懂管理，但你却忽略了自身优势的发挥，一心向往行政职务上的升迁，那么即使你在这方面再努力，进步也是非常慢的，很难得到公司的提拔。即使你真的有幸被提拔为管理人员，你的能力也很难适应新岗位，做不出理想的业绩，迟早会退下来。

由此可见，静下心来检视自己，承认自己的能力和局限，你会知道自己能够做成的事情，然后加以实行、量力而为，让自己有限的生命发出适度的光和热，你就能从自我否定的状态中获得解放。

有一个小男孩很喜欢柔道，一位著名的柔道大师答应收他为徒。然而，还没有来得及开始学习，小男孩就在一次车祸中失去了左臂。那位柔道大师找到小男孩，说："只要你想学，我依然会收你做徒弟。"于是，小男孩在伤好后，就开始学习柔道。

小男孩知道自己的条件不如别人，因此学得格外认真。3个月过去了，师傅只教了他一招儿，小男孩感到很纳闷，但他相信师傅这样做一定有他的道理。又过了3个月，师傅反反复复教的还是这一招儿，小男孩终于忍不住了，他问师傅："我是不是该学学别的招术？"师傅回答说："你只要把这一招儿真正学好就够了。"

又过了3个月，师傅带小男孩去参加全国柔道大赛。当裁判宣布小男孩是本次大赛的冠军时，他自己都觉得不可思议。

只有一只手臂的他，第一次参赛就以唯一的一招儿打败了所有的对手。回家的路上，小男孩疑惑地问师傅："我怎么会以这仅有的一招儿得了冠军呢?"师傅答道："有两个原因：第一，你学会的这一招儿是柔道中最难的一招儿；第二，对付这一招儿的唯一办法是抓你的左臂。"

只要找到突破口，谁都是可用之才。而对于每个人来说，自身的缺陷在某种情形下正是自身的优势所在，而这种优势是独一无二的，别人无法模仿的。

著名词作家乔羽先生在1955年以前，他创作了各类文学体裁的作品，但就是没有什么真正意义上的成功。1955年他被邀为电影《祖国的花朵》创作了歌词《让我们荡起双桨》，使他一举成名。从那以来，有很多电影导演请他来写歌词。他也真正意识到歌词创作是他独特的优势，他决定不再写其他文学，专攻歌词创作这一项，后来他成为国内著名的词作家。这些年以来他创作了很多优秀作品，如《我的祖国》《难忘今宵》等1000余首歌的歌词，数量之多、质量之高，达到前无古人的地步。显然，在歌词创作领域，乔羽先生凭借自己的独一无二的优势取得了独一无二的成功。

歌德曾经这么说过："每个人都有与生俱来的天分，当这些天分得到充分发挥的时候，自然能够为他带来极致的快乐。”如果你也希望不断体验到这份快乐，那么，就要从自己的长处着眼，抓住机会充分发挥这份优势。如果你丢开自己的天赋和优势，在不擅长的领域里寻求发展，你很快就会发现，自己就像在泥潭里挣扎一样，无论做什么，都难逃失败的命运。

面对失败，你也许会说“我实在是太平凡了，根本没有什么特殊才能。”千万不要这么认为。每个人都有自己擅长的领域以及脱颖而出的能力，而你之所以有这种想法，关键是因为你不知道自己的特长在哪儿。你在了解了自己的特长并懂得发挥之道以后，相信你很快就会绽放出最亮丽的光芒，成就辉煌的人生。

我们往往更关注自己的劣势在哪里，却忽视了优势；我们更多的是沉溺于对自我的责备中，却很少积极地认同自己；我们更乐于取长补短，却很少灵活地扬长避短。因此，我们的悲哀不在于缺乏才能，而在于没有发现才能。

7.拥抱自己的缺点，和不完美和解

我们每个人都有着胜人一筹的长处或优点，同时也有着不可避免的缺点或缺陷。对于自己的不足，很多人喜欢讳疾忌医，想尽办法来掩饰自己的缺点，自欺欺人。其实，正视自己的缺陷，拥抱自己的缺点，才是对待自身不足的该有的态度。

弗朗克毕业于美国著名的西点军校，他最大的愿望就是成为一名职业军人。可是天不遂人愿，在一次战役中，弗朗克的左小腿被手榴弹的散碎片击伤。为了保住弗朗克的整条腿，医生不得不切除他的小腿，为他装上假肢。之后的很长一段时间，弗朗克一直活在沮丧和痛苦中，因为严重受伤的军人很少再能担负有行动的职务。

几年以后，弗朗克要带领一个中队去一处地形复杂的地方演习。他的上级担心他由于切除了一条小腿，是否能胜任这项工作，而弗朗克告诉他们说可以，并且说："这甚至可使我与兵士更亲近。如果我的假肢陷在烂泥里了，我会告诉他们，这是由于我没有两条完整的腿。"

如今弗朗克已是个四星级将官了，而且既可以跑步，还能稳稳地骑自行车。他说："失去一条腿，教会了我一个道理，那就是一个人受自己缺陷的限制是可大可小的，取决于你自己如何看待和处理它。关键是应该注意发挥你所具有的长处，而不是老想着你的缺陷。”

正如弗朗克告诉我们的那样，我们不应该把自己的缺点或缺陷当成精神负担，而是应该选择一种乐观、进取的态度去拥抱和接纳自己的缺点和缺陷。现实生活中，只有我们以足够的勇气去面对自己的缺点，拥抱自己的缺点，才能更清楚地了解自己，接纳自己，进而才能扬长避短，为人生的下一个目标扫除障碍。

一些成功者，他们之所以取得成功，就在于他们能正视和拥抱自己的缺点，把缺点转化成优势，把那些在一般标准下的欠缺或不完善变成获取成功的优势。

曾长期担任菲律宾外长的罗慕洛穿上鞋时身高只有1.63米。原先，他与其他人一样，为自己的身材而自惭形秽。年轻时，也穿过高跟鞋，但这种方法始终令他不舒服。他感到自欺欺人，于是便把它扔了。后来，在他的一生中，他的许多成就却与他的“矮”有关，也就是说，“矮”倒促使他成功。以至他说出这样的话：“但愿我生生世世都做矮子。”

1935年，大多数的美国人尚不知道罗慕洛为何许人也。那时，他应邀到圣母大学接受荣誉学位，并且发表演讲。那天，高大的罗斯福总统也是演讲人，事后，他笑吟吟地怪罗慕洛“抢了美国总统的风头”。更值得回味的是，1945年，联合国创立会议在旧金山举行。罗慕洛以无足轻重的菲律宾代表团团长身份，应邀发表演说。讲台差不多和他一般高。等大家静下来，罗慕洛庄严地说出一句：“我们就把这个会场当作最后的战场吧。”这时，全场登时寂然，接着爆发出一阵掌声。最后，他以“维护尊严、言辞和思想比枪炮更有力量……唯一牢不可破的防线是互助互谅的防线”结束演讲时，全场响起了暴风雨般的掌声。后来，他分析道：如果大个子说这番话，听众可能客客气气地鼓一下掌，但菲律宾那时离独立还有一年，自己又是矮子，由他来说，就有意想不到的效果，从那天起，小小的菲律宾在联合国中就被各国当作资格十足的国家了。

由这件事，罗慕洛认为矮子比高个子有着天赋的优势。矮子起初总被人轻视，后来，有了表现，别人就觉得出乎意料，不由得佩服起来，在人们的心目中，成就就格外出色，以致平常的事一经他手，就似乎成了石破天惊之举。

的确如此，很多时候，缺陷在一定的情况下很容易转化成优势，帮助自己取得更好的效果。其实，世界上很多成功人士的知识和能力上并不高人一等，只是他们能清楚地看清自己的不足和缺陷，然后扬长避短，克服弱点。

生活中，对自己要求苛刻的人绝不在少数。我们要知道，世间万物皆有缺陷，万事都不可求全，所以我们要学会接纳，特别要学会接纳自己。学会接纳自己，最主要的是要懂得接纳自己的缺点，这样，我们才能在平凡的生活中获得快乐。假如我们总是对自己的缺点和事物的不完美斤斤计较，那只会陷入无穷无尽的烦恼之中。

在上帝面前，我们每个人都是独立的，比起接纳别人，我们更难接纳自己。不少人，常常在抱怨自己做得不够好，不够完美，并为此懊恼、烦忧。面对自己时，常常陷入惧怕和悔恨之中。但我们自己又不像别的物件，不喜欢可以随时扔掉，讨厌了可以选择不要。我们不可能把自己扔掉，更不可能选择不要自己，除非我们的人生走到了尽头。因此，要摆脱那些因为抱怨不完美、抱怨不够好而带来的烦恼，只能学会接纳自己。

苏磊在一家公司做部门经理，一直以来他的水平都很高，不论多难解决的事情，只要一到他手里，不费多大的劲儿都能搞定。因此，公司的领导很器重他，他的工资是全公司最高的，下属也十分敬重他。除了工作顺利外，苏磊还有一个漂亮贤惠的妻子，一个三岁的女儿，家庭生活很幸福。

两年后，由于公司规模的发展壮大，公司决定开拓海外市场，于是公司任命苏磊为新加坡的CEO，负责海外市场的开拓工作。

按理说，苏磊应该是顺风顺水了。

可后来竟然发生了一件让大家都十分愕然的事，苏磊居然患上了严重的抑郁症，住进了医院。对此，苏磊的朋友都纷纷表示难以理解，一个工作如意、家庭生活美满的人怎么突然间就得了抑郁症？

后来了解才知道，原来苏磊对自己的要求太过苛刻了。他常常因为自己无法把事情做到预期的那样完美而烦恼，甚至把对自己的苛刻强加于人，常常抱怨下属没能力，做事不尽职尽责。由于他对下属的苛刻，导致下属都要承受巨大的工作压力，进而影响了工作激情，最后形成了一个恶性循环，苏磊的内心就这样一直被遗憾困扰。苏磊正好又是一个性格内向的人，不善于倾诉，时间一长，就自然而然地患上了抑郁症。

很多时候，如果我们不懂得接纳自己，对自己的不足或事物的缺憾斤斤计较，就会在无意间把这种苛求转嫁到别人那里，导致别人不喜欢我们，进而让我们都对这个世界不满。这是一个恶性循环，一旦我们陷进去，就很难自拔，最终给自己带来无穷无尽的烦恼和伤害。

生活中，假如你一直都无法原谅自己的错误，天天责备自己的不足，那么早晚会精神忧郁，神经紧张，进而影响到自己的身心健康。如此往复，快乐会离你越来越远，你的心情越来越糟糕。反过来，要是我们正确认识到自己的优缺点，然后接纳自己，就能有一个很好的价值观，就能以宽容的眼光来看待自己和周围的一切。这样的话，我们就能体味到生活当中那点点滴滴的幸福，进而有一个美好的人生。

没有完美的世界，也没有完美的事物，更没有完美的你。一般来说，对自己严格是一件好事，但要是过于苛责自己，就会把自己逼入痛苦的深渊，久而久之难以自拔。敢于认同自己的不足和缺憾，坦然接纳自己，你将会拥有好心情和好状态。

第三章

大格局有大器量，原谅别人就是放过自己

1.祸兮福所倚，福兮祸所伏

“难得糊涂”与“吃亏是福”是郑板桥曾经书写过的两幅志趣相同的书法作品。前者广为流传，家喻户晓，被世人奉为处世哲学。相比之下，“吃亏是福”得到的认可却少得多。

其实，天上的日月不可能永远盈，也不可能永远亏，天道尚如此，人间更难离这个规律。

所以人们对盈亏，不要过于计较，因为很多时候，看似吃亏，实际上是一个得到补偿的过程。

佛罗里达州有一位农夫，买到了一块非常差的土地，那片地差得使他既不能种水果，也不能养猪，那里能生长的只有白杨树及响尾蛇。但是他没有因此而沮丧，而是冥思苦想以图改变目前的这种状态，他要把那片地上所有的东西变作一种资产。

很快，他想到了一个好主意，他要利用那些响尾蛇，他的做法使每一个人都很吃惊，因为他开始做响尾蛇肉罐头。他的生意做得非常大。他养的响尾蛇体内所取出来的毒液，运送到各大药厂去做治蛇毒的血清；响尾蛇皮以很高的价钱卖出去做女人的鞋子和皮包。

装着响尾蛇肉的罐头送到全世界各地的顾客手里，有很多人买了印有那个地方照片的明信片，在当地的邮局把它寄了出去。每年来参观他的响尾蛇农场的游客差不多有两万人。为了纪念这位先生这个村子现在已改名为佛州响尾蛇村。

看了这则故事，谁能说这个农民是吃亏了呢？“祸兮福所倚，福兮祸所伏”。正是因为有了前面的痛苦的“吃亏”，才有了后面的受益。能吃亏的人不会用种种负面的假设去证明自己的正确。“社会太不公正”，“我总是吃亏”，“我处处不如意”，他们很乐意承认自己的亏损，同时想办法改变这一亏损。吃亏不是一种消极、颓废，不是悲观、懦弱，相反，它是一种执着追求的精神，一种为人处世的风格，更是一个人安身立命的永久鞭策。这样的吃亏就是福。

“满者损之机，亏者盈之渐。损于己则益于彼，外得人情之平，内得我心之安。既平且安，福即在是矣。”这是郑板桥写给一个叫郑煊的远亲的勉词。

有一次郑煊做木材生意，货运到外地，货价狂跌，眼看就血本无归。这时，郑板桥便送给郑煊这幅勉词。果然应了郑板桥的话，没过几天，木材的价格突然涨起，郑煊意外地发了财。他认真思考着郑板桥给他的题词，从中体会出了人生哲理，并将其作为家训，刻在墙壁上以示后人。

也许你认为“吃亏是福”是一种“傻瓜”行为，只有精神不正常的人或者傻到极点的人才能认为“吃亏是福”。把“吃亏”当成“福”气对待，那么首先就要“损于己”，方能“益于彼”，然后“外得人情之平”。吃亏意味着舍弃与牺牲，一个一点都不懂得忍让的人，一个永远都咄咄逼人的人，时间长了，只会让人觉得了无情趣，而且在永远不想吃亏的斤斤计较中甚至在恐惧中面临下一次的吃亏。过于计较，得失心太重，反而会舍本逐末。当失误摆在面前，而且很快地找到教训后，就应该迅速将这件事沉淀下来了，找到下一个出口。过多的计较会使自己陷入过往的沮丧情绪里，这种情绪会抑制我们的自信，甚至影响判断，这样正应了那句话，“在你错过太阳时，你选择沮丧，那么你又要错过星群了”。因此，承受吃亏也是一种自信的表现。这种做法需要一种勇气，也需要一种超脱，更是一种智慧。

有时，退一步，让自己在海阔天空中放松，无论是心情还是人情，在看似吃亏的过程中，已经得到了补偿。你得到的东西没有得到，你认为自己是“吃亏”。越是得不到的东西越想得到，你自诩这才是一种“福”。其实未必得到的就是“福”，有时失去也是一种“福”。不信看看塞翁失马“亏”了什么，又“得”到了什么？

“损于己则益于彼”，这是一个良性循环，经过一道反射后，则又回到“益于己”上面来了。比如说有一条凹凸不平的路，路上还有积水，而你穿了双新鞋子走在路上，当然要找干净的路面走，躲开那些水洼。这时候，身后一辆汽车飞驰而来！如果你采取“亏于己则利于彼”的做法，就会立刻跳进水洼里，把干净的路面让给那辆车过。跳到水洼里，看似吃了亏，可是如果让车从水洼里呼啸而过，那岂不是更糟糕？可能你湿污的地方就是全身了。

于是有人问了：“可是如果你身边有人总打着小算盘算计你，你知道但不愿伤害这个人，那怎么办？”我可以告诉你：“这好办，你帮他把算盘打打清楚，看看怎么成全他。”天下本无事，庸人自扰之。为人处世要潇洒豁达，拿得起放得下，坦然面对眼前的一切境遇，不要认为吃亏而怨天尤人，这样，你自然心境开朗。

真聪明者愿意吃亏，因为吃亏虽然有暂时的舍弃与牺牲，但却会有长久的收益，因此，他们根本不会把时间浪费在眼前的方寸之间，而是高瞻远瞩，做一个长远的计划。

2.不怕吃亏，必少是非

吃亏其实也包含了豁达和宽容，而且还要加上理智和自我克制。面对吃亏的豁达，是一种以个人能力为基础的自信，但这种自信并非人人都有。佛经云：“心包太虚，量周沙界。”

你能把浩渺宇宙都包容在心中，那么你的心量自然就能如同虚空一样的广大。另有一首打油诗说：“占便宜处失便宜，吃得亏时天自知；但把此心存正直，不愁一世被人欺。”

凡是宽容之人，都不怕吃亏，不会对一些无足轻重的小事斤斤计较。吃亏是福道出的是一种豁达洒脱的处世态度，敢于吃亏也是一种做人的方法，是宽容性格的一种体现。做人的可贵之处是乐于退让，自己主动吃点亏，往往能把棘手的事情做好，能把很难处理的问题顺利解决。

能吃亏的人必然有一种博大而深邃的胸怀，是获得别人尊重的标准之一。历史上，很多不怕吃亏的人因为器量宽宏而流芳后世。王旦就是这样的一个人。

王旦和寇准是同时代人，又都是重臣，而两个人的性格迥异，一个虚怀若谷，一个刚直不阿。两个人同朝为臣，谁会比较亏一些呢？

寇准和王旦，几乎是同时期选拔上来的。寇准的地位原在王旦之上，宋太宗晚年即被任命为参知政事（副宰相），只因寇准经常犯颜直谏，同僚之间他也是直言不讳，所以得罪了很多人，用现在的话说就是：寇准的人际关系网几乎是一团乱麻。人际关系不太好，自然屡被贬斥，几上几下。

真宗赵恒登上帝位后，毕士安为相，赵恒问毕士安：“谁可与你同时入相？”毕士安推荐寇准，说寇准“兼资忠义，能断大事，臣所不如”。开始赵恒不太同意，说：“闻准好刚使气奈何?”毕士安说：“准忘身殉国，秉道疾邪，故不为流俗所喜，今北方未服，若准者，正宜用也。”为了考察寇准，赵恒先委任寇准为三司使，是个管财经的职务，赵恒的目的在于“先置宿德以镇之”，继而委以中枢大任，掌管军事。后来契丹大举南犯，寇准力主赵恒亲征，以鼓舞士气，结果打了胜仗，并在他的努力下，与契丹作“澶渊之盟”，两国讲和，保证了北部边界约100年的和平生活，这对中国北方发展经济是有利的。但朝中佞臣如王钦若等，却常说寇准的坏话，说“澶渊之盟”是“城下之盟”，诬寇准要皇帝亲征，是“孤注一掷”，赵恒本来想重用寇准，听了王钦若等人的挑拨，改派寇准领兵北方，出镇天雄军，时称寇准为“北门锁钥”。就是在这个背景下，王旦认识了寇准。

王旦用人的标准，不是“唯才是举”，而是“才德兼备”；不是以个人恩怨为标准，而是以能否胜任为标准。包括反对过他的人，他也不计前愆。而其中最典型的，恰恰是对寇准的任用。

寇准调到中央枢密院任职，王旦则升任“工部尚书，同平章事”，主持中书省，分管政务，二人实为同僚。寇准“数短旦”，而王旦却“专称准”。赵恒觉得奇怪，问王旦：“你虽然经常表彰寇准，而寇准却多次讲你的坏话，是怎么回事?”王旦对此毫不在意，反而说：“这是情理中的事情，我当宰相时间很长了，工作中失误一定很多，寇准对陛下如实反映意见，更可体现他的忠直，所以我更加敬重他。”从此赵恒稍稍改变了对寇准的看法，也更加尊重王旦。

王旦做人非常大度，中书省（王旦主持）送交枢密院（寇准主持）的文件违反了规格，寇准马上将此事向赵恒汇报，王旦因此受到责备，具体承办这项工作的人则受了处分。事隔不到1个月，枢密院有文件送中书省，也违反了规格。办事人员很高兴地把这份文件呈送王旦，王旦却不去告发寇准，而是将文件退还给枢密院，请他们主动改正。对这件事，寇准十分惭愧，再次见到王旦后，就恭维王旦度量大，王旦只是默然不语。后来，寇准升任武胜军节度使同中书门下平章事，寇准感谢皇帝道："不是陛下了解我，如何能得到如此重用。"皇帝对他说："这是王旦推荐你的啊！"寇准更加愧叹、敬服王旦。

寇准的性格直率，他看不惯的人决不姑息，因此经常和三司使林特争辩。林特为人奸险，善于迎合，正受到赵恒恩宠，所以又引起赵恒对寇准的不满。于是，赵恒对王旦说："寇准不断和我闹别扭，原以为他随着年事的增长会有所收敛，现在反较先前变本加厉。"王旦为寇准解释，说："寇准总想要人尊重他、怕他，这些作为大臣都是应当避免的，这是他的短处，不是陛下宽大仁厚，他岂能得到保全呢？"这话使赵恒的气消了不少。寇准也因此没有受到处罚。

王旦经常生病，一次，病情十分危急，赵恒于是问谁可代替他的职务。王旦请皇上选择，赵恒先提名张咏，王旦不点头，又提名马亮，王旦也不点头。皇上说："那么，你看哪一个可以？"王旦勉强地站起来手捧笏板慎重地说："以臣之愚，莫如寇准。"皇帝不高兴，停了一会，说道："准性刚褊，更思其次。”王旦说：“其他的人我就不知道了。”

这就是王旦，一个不善于计较、甘愿吃亏的人。他的这种吃亏绝不是一种唯唯诺诺、低声下气、软弱怯懦，而是一种胸怀、一种品质、一种风度。正因为他的乐于吃亏，他获得了寇准的钦敬，获得了赵恒的尊重。

寇准虽然正直，但是却过于霸气，与人交往自然以自己的心愿为准，经常受人指摘也就在所难免。而王旦恰恰成了他的“正面”教材，他隐忍、大度，不在乎吃亏，他在当时的朝中以及后世更受到人们的推崇。做人不怕吃亏，凡事不斤斤计较，可以荡涤我们的名利思想，对于平和浮躁心态大有裨益，从而使我们更易于取得成功。

老子说：“天长地久。天地所以能长且久者，以其不自生，故能长生。是以圣人后其身而身先，外其身而身存。非以其无私邪？故能成其私。”天地之所以能够长久，就是因为天地不为自己而活着，也正是因为不为自己生存它反而能得以长生。假如人能像天地那样不把自己的利益放在前头，就会赢得大家的尊敬和信任；要是总把别人的冷暖放在心头，就会被大家拥戴为首领；要是从来不打自己的小算盘，也许更易于成就一番自己的大事业。

吃亏并非收获的都是损失，而是体现出一种成全他人的品德，而且从中会得到长远的回报。“吃亏是福”也不是简单的阿Q精神，而是福祸相依的生活辩证法，是一种深刻的人生哲学。相信“吃亏是福”，可以使心胸变得宽阔，心态更加乐观、积极，而且当自己遇到困难时，也能得到更多人的真心帮助。

要想让自己成为一个具有“不怕吃亏，凡事不斤斤计较”的人，就要做到平时不要太过和人计较，要经常原谅别人的过失。但是大事也不要糊涂，要有是非观念；不为不如意事所累，不如意事来临时，能泰然处之，器量自可养大；受人讥讽恶骂，要自我检讨，不要反击对方，器量自然日夜增长。

学习吃亏，便宜先给别人，久而久之，你就会从吃亏中增加自己的器量。

3.不宽恕别人就是不宽恕自己

一个不懂得宽容别人的人，就会显得愚蠢笨拙；一个不懂得对自己宽容的人，则会把自己的生命之弦绷紧而伤痕累累。

印度的泰戈尔曾经给大家讲过这样一个故事：

有一位画家在集市上卖画，此时，有一个大臣来买画，而这位大臣恰恰是曾把画家的父亲折磨致死的那个人。大臣的孩子在穿过集市时，喜欢上了画家的一幅画，于是这位大臣来与画家交涉。画家非常痛恨这位大臣，他在画上盖了一块布，说他不愿意出售这幅画。

这孩子没有买到这幅画，郁郁寡欢地走了，回家以后一直对这幅画念念不忘，最后他的父亲来找画家，愿意付出一笔高价。但是画家宁肯让那幅画挂在画室的墙壁上也不愿出售，他沉着脸坐在画前，自言自语地说："这就是我的报复。"大臣只好失望而返。

这位画家有一个习惯，就是每天早晨描一幅神像。但现在他觉得这些画像一天天地变得同他往常画的不同起来了。这件事情使他感到苦恼，而且找不出一个解答，直到有一天，他在工作中猛地惊跳起来；他刚画好的一幅神像的眼睛，竟是那个大臣的眼睛，神像的嘴唇也是大臣的嘴唇。他撕毁了画像，大声叫喊："我的报复已经回报到我头上来了！"

不能宽恕别人就是不能宽恕自己。亨利·福特就曾犯下过这样的错误。

李·艾科卡刚进福特公司时只是一名低级推销员，后来他推出新的推销方案"50计划"，使他负责的地区从全公司销售最差一跃成为各区之首，一下子轰动了福特公司的总部，他的职位也得到了提升。不久，他主持设计的"野马"车又为福特公司创造了数十亿美元的利润。后来，他开始出任公司的轿车和卡车系统的副总经理，经过10多年的奋斗，凭着天才的推销能力和杰出的研发组织能力，艾科卡步步高升，成为福特汽车王国的高层管理人员。

但是有一次，艾科卡犯了一个小小的错误，福特立即把他辞退了。艾科卡在福特公司任职32年，当了8年经理，却被突然解雇，从巅峰坠入冰窖，这对艾科卡来说打击是非常大的。昔日的朋友远离了他，妻子被气得心脏病发作，连女儿也骂他无能。他形单影只，成了世界上最孤独的人，但他不是一个随便退缩的人，既然福特与他化友为敌，他就要把这个对手的角色扮演下去。艾科卡在福特那里没有得到宽恕，他转而投奔克莱斯勒公司，经过一番努力，他领导的克莱斯勒公司在极短的时间内就抢占了福特的大部分市场，并很快跃到福特公司的前面。这个时候，福特开始后悔当初的做法。

真聪明者知道，宽恕不仅是一种难能可贵的美德，而且是理性的行为，若能适当地学会宽恕，往往有意想不到而又神奇的功效。

日本企业家松下幸之助，因其管理方法先进，被商界奉为神明。他就善于宽恕，后腾清一原是三洋公司的副董事长，慕名而来，投奔到松下的公司，担任厂长。他本想大有作为，不料，由于他的失误，一场大火把工厂烧成废墟，给公司造成了巨大的损失。后腾清一十分惶恐，认为这样一来不光厂长的职位保不住，还很可能被追究刑事责任，这辈子就完了。他知道松下是不会姑息部下的过错的，有时为了一点小事也会发火。但这一次让后腾清一感到宽慰的是松下连问也不问，只在他的报告后批示了几个字："好好干吧。"松下宽恕了他，后腾清一深为感激，也心怀愧疚，对松下更加忠心效命，并以加倍的工作来回报松下，他为公司创造的价值远远大于那个工厂。

与人方便，与己方便。能够宽恕别人，不但可以使自己的心灵获得解脱，还可能给自己的未来留了余地。

林某与同事之间有了点摩擦，很不愉快，便对同事说："从今天起，我们断绝所有关系，彼此毫无瓜葛……"谁知，这话说完还不到两个月，这位同事就成了他的上司，林某因讲了过重的话，很尴尬，工作也不好正常进行，只好辞职，另谋高就。

所以，与人交恶，不要口出恶言，更不要说出"势不两立"之类的话，要学会宽恕别人，在自己的宽容里解放对方，也成就了自己。

有位哲人说："把自己当成别人，把别人当成自己。那么，你就是一个快乐的人。"特别是当别人得罪了你时，你更要能站在他的位置进行换位思考，学会容忍别人，像容忍自己一样容忍他人，你不但会得到心灵的释放，同时还会获得珍贵的友谊。没有宽恕就没有恒久的爱，也没有真正的自由。

4.退即是进，予即是得

退步不是退却，不是懦弱无能的表示，有心人的退步是为进步做准备。《菜根谭》说：退即是进，予即是得。

明朝安肃有个叫赵豫的人。宣德和正统时期，他曾经任松江知府。在任期间，赵豫对老百姓问寒问暖，关怀备至，深得松江老百姓的爱戴。

赵豫处理日常事务，有他自己的一套工作方法。每次他见到来打官司的人，如果不是很急很急的事，他总是慢条斯理地说："各位消消气，明日再来吧。"起先，大家对他的这套工作方法不以为然，甚至还暗地里给编了一句"松江知府明日来"的顺口溜来讽刺他，都叫他"明日来"。

赵豫性格稳重，为人宽厚，听到这个绰号，赵豫总是淡淡地笑笑，从不责备叫他绰号的人。因为他的态度和蔼，对下属从没有声色严厉过，所以，那些下属有什么话都敢于跟这位知府老爷说。一天，一个下属问他："大人，你为什么要这样做？这样做太伤害你的名誉了。"赵豫于是解释了"明日再来"的好处："有很多的人来官府打官司，是乘着一时的愤激情绪，而经过冷静思考后，或者别人对他们加以劝解之后，气也就消了。气消而官司平息，这就少了很多的恩恩怨怨。"

退后一步，对事情进行“冷处理”，有助于缓和情绪，让问题得到更好的解决。赵豫的“明日再来”这种处理一般官司的做法，是合乎人的心理规律的。经过一天的冷却，当事人都不很急躁，才能理智地对待所发生的一切。这种“冷处理”包含为人处世的高度智慧，把它用在生活中，会避免不必要的争执。

面对急躁气盛的对手，要以怀柔政策、心灵感化等软招儿胜之。《后汉书》中说：“柔能克刚，弱能制强。柔者德也，刚者贼也；弱者仁之助也，强者怨之归也。”柔弱者解决矛盾靠的是“仁”，软化冲突，融解矛盾，越是刚烈者似乎越受不了软化的招法儿。以刚克刚，两强相争，必然是互不相让，矛盾激化，冲突强化，越发不好解决。世上最强大的不是刚，而是柔。《列子》有言：“人性婉而从，物不竞不争，柔心而弱骨，不骄不忌。”

很多寺院里都有一个大腹便便、笑容满面、背着一个布袋子的和尚，大家称他为弥勒佛。依照我国传统的讲法：布袋和尚是弥勒菩萨的化身，时常背着袋子在社会各阶层行慈化世。

一天，布袋和尚正行走间，他看到了农夫在田地里倒退着插秧，心有所感，因此做了一首诗：

手把青秧插满田，低头便见水中天。

心地清净方为道，退步原来是向前。

著名的星云禅师曾对此诗进行了详细的解释：“手把青秧

插满田”：描写农夫插秧的时候，一根接着一根往下插。“低头便见水中天”：低下头来看到倒映在水田里的天空。“心地清净方为道”：当我们身心不再被外界的物欲所染的时候，才能与道相契。“退步原来是向前”：农夫插秧，是边插边后退的，正因为他能够退后，所以才能把稻秧全部插好，所以他插秧时的“退步”，正是工作的向前进展。

正如跳高、跳远，要退到后面很远的地方，在起跳时才会有很强的冲击力。生活也是如此，退后一步，就是为了更好地前进。一般人总以为人生向前走，才是进步风光的，但退步的人更是向前，更是风光的。古人说“以退为进”，又说“万事无如退步好”，在功名富贵之前退让一步，是何等的安然自在！在世事纷争面前退后一步，是何等的超然坦荡！在人我是非之前忍耐三分，是何等的悠然自得！这种谦恭中的忍让才是真正的进步，这种时时照顾脚下，脚踏实地的向前才至真至贵。人生不能只是往前直冲，有的时候，若能退一步思量，所谓“回头是岸”，往往能有海阔天空的乐观场面。从事事业，把稳正确的方向，不能一味蛮干下去，也要有勇于回头的气魄。

忍一时的不冷静，对人对己都有好处。当不愉快的事情发生后，退一步想，就会海阔天空。在实际生活中，不管你多么有能耐，多么无情，总是有人比你更有能耐，更加无情。拼个鱼死网破，倒不如后退几步，另求他路。

尼克松在担任美国总统之后，基辛格曾讥讽尼克松“根本没能力治理好美国”，而且在竞选总统前曾一度反对过尼克松。但是，他的这些行为并没有影响到尼克松总统对他的重用，仍聘任他担任国家的安全助理。尼克松的这种低调处理姿态，使基辛格深为感动，倾其全力帮助尼克松总统。后来，基辛格以其渊博的知识、独到的见解、过人的胆识纵横国际政坛，成为驰名国际的外交家。而尼克松总统以其宽宏大量的胸襟，不仅成就了他的伟大的事业，并且为世人留下了宽容的风范。

古往今来，安世处身者大有人在，曲径通幽，卧薪尝胆，委曲求全，最终成大业者都先要经历退步，才干出轰轰烈烈的壮举。退后一步，即使一时处于低势，但在心灵上获得了某种轻松、潇洒的感觉，在精神上，做好了向前冲的准备。

所谓“山不转水转”。凡事要以退为进，切不可事事求强、求胜、求先。事实上有时暂时的败，一时的退，短期的弱对事业和人生来说都不一定是坏事。相反，它会为你的下一次进步积蓄冲击力。为人处世要有退步的气魄，要学会退，以退为进。

5.给人留余地，也就是给自己留后路

生活中，我们每个人也都与社会有千丝万缕的联系，所以凡事都不要做得太绝，给人留余地也就是在给自己留后路。

有这样一则寓言：有一天，狼发现山脚下有个洞，各种动物由此通过。狼非常高兴，它想，守住山洞就可以捕获到各种猎物。于是，它堵上洞的另一端，单等动物们来送死。

第一天，来了一只羊，狼追上前去，羊拼命地逃。突然，羊找到一个可以逃生的小偏洞，从小洞仓皇逃窜。狼气急败坏地堵上这个小洞，心想，再也不会功败垂成了吧。

第二天，来了一只兔子，狼奋力追捕，结果，兔子从洞侧面的更小一点的洞里逃生。于是，狼把类似大小的洞全堵上。狼心想，这下应该万无一失了，别说羊，与兔子大小接近的狐狸、鸡、鸭等小动物也都跑不了。

第三天，来了一只松鼠，狼飞奔过去，追得松鼠上蹿下跳。最终，松鼠从洞顶上的一个小道跑掉。狼非常气愤，于是，它堵塞了山洞里的所有窟窿，把整个山洞堵得水泄不通。狼对自己的措施非常得意。

第四天，来了一只老虎，狼吓坏了，拔腿就跑。老虎穷追不舍。狼在山洞里跑来跑去，由于没有出口，无法逃脱，最

终，这只狼被老虎吃掉了。

对这一案例，各界人士说法不一。

哲学家说：绝对化意味着谬误。

宗教家说：堵塞别人生路意味着断自己的退路。

环境学家说：破坏原生态平衡者必自食其果。

经济学家说：预算和计划都要留有余地。

军事家说：除非你是百兽之王，否则，别想占有整个森林。

法学家说：凡规则皆有例外，恶法非法。

政治学家说：绝对的权力导致绝对的腐败，绝对的腐败必然导致彻底的失败。

渔民说：一网打尽，下一网打什么？

农民说：不留种子就是绝种绝收。

总之，人的生存与发展，依赖于千丝万缕的社会关系，所以无论做什么事都不要做得太绝，得为自己留一条后路。

上面这则寓言里的狼发现了一个山洞，各种动物由此通过，为了捕获各种动物，狼把这个洞里除洞口外的所有通道都封死了，却不料让自己陷入万劫不复之地，成了老虎口中的美食。灭人者终自灭。“竭泽而渔”，“杀鸡取卵”，古而有之。

在人与人的交往中，也有一些人为了追求个人利益而对别人不管不顾，甚至是在别人身处逆境时落井下石，这样的做法是极其愚蠢的，因为一个人再成功，也不能保证自己就没有倒霉的时候，把事情做绝了，到时谁又会向你伸出援手呢？

在一个茫茫沙漠的两边，有两个村庄。从一个村庄到另一个村庄，如果绕过沙漠走，至少需要马不停蹄地走上20多天；如果横穿沙漠，那么只需要3天就能抵达。但横穿沙漠实在太危险了，许多人试图横穿沙漠，结果无一生还。

有一天，一位智者经过这里，让村里人找来了几万株胡杨树苗，每半里一棵，从这个村庄一直栽到了沙漠那端的村庄。智者告诉大家说："如果这些胡杨有幸成活了，你们可以沿着胡杨树来来往往；如果没有成活，那么每一个走路的人经过时，要将枯树苗拔一拔，插一插，以免被流沙给淹没了。"

果然，这些胡杨苗栽进沙漠后，很快就全部被烈日烤死了，成了路标。沿着"路标"，在这条路上大家平平安安地走了几十年。

有一年夏天，村里来了一个僧人，他坚持要一个人到对面的村庄去化缘。大家告诉他说："你经过沙漠之路的时候，遇到要倒的路标一定要向下再插深些；遇到要被淹没的路标，一定要将它向上拔一拔。"

僧人点头答应了，然后就带了一皮袋的水和一些干粮上路了。他走啊走啊，走得两腿酸累，浑身乏力，一双草鞋很快就被磨穿了，但眼前依旧是茫茫黄沙。遇到一些就要被尘沙彻底淹没的路标，这个僧人想：“反正我就走这一次，淹没就淹没吧。”他没有伸出手去将这些路标向上拔一拔。遇到一些被风暴卷得摇摇欲倒的路标，这个僧人也没有伸出手去将这些路标向下插一插。

但就在僧人走到沙漠深处时，寂静的沙漠突然飞沙走石，有些路标被淹没在厚厚的流沙里，有些路标被风暴卷走了，没有了影踪。

这个僧人像没头的苍蝇似的东奔西走，却怎么也走不出这个大沙漠。在气息奄奄的那一刻，僧人十分懊悔：如果自己能按照大家吩咐的那样做，那么即便没有了进路，还可以拥有一条平平安安的退路啊！

是的，给别人留路，其实就是给我们自己留路。善待他人，关爱他人，实际上就是善待自己，关爱自己。

在一场激烈的战斗中，连长忽然发现一架敌机向阵地俯冲下来。照常理，发现敌机俯冲时要毫不犹豫地卧倒。可连长并没有立刻卧倒，他发现离他四五米远处有一个小战士还站在那儿。他顾不上多想，一个鱼跃飞身将小战士紧紧地压在了身下，此时一声巨响，飞溅起来的泥土纷纷落在他们的身上。连长拍拍身上的尘土，抬头一看，顿时惊呆了：刚才自己站立的那个位置被炸出了两个大坑。

故事中的小战士是幸运的，但更加幸运的是故事中的连长，因为他在帮助别人的同时也帮助了自己！在我们的人生大道上，肯定会遇到许多为难的事。但我们是不是都知道在前进的路上，搬开别人脚下的绊脚石，有时恰恰是为自己铺路呢？

所以，高明的人往往是心胸宽广的人，缺乏智慧的人才会得饶人处不饶人，最终断绝自己的后路。

6.把每个人都当作自己的老师

即使你是一匹能够日行千里的好马，有时也必须依赖识途老马才能找到出路。

托马斯·杰斐逊是美国第三任总统，他也许不如乔治·华盛顿和亚伯拉罕·林肯那样有名，但哈佛学生全都读过由他起草的《独立宣言》。虽然杰斐逊是二百多年前的人物，但许多哈佛学生认为，从他身上仍可以学到许多有用的东西。

“每个人都是你的老师。”这是杰斐逊最著名的一句名言。

1743年，杰斐逊出生在一个经济富裕的家庭。他父亲是军中的一名上将，母亲则出身于名门世家。不论是从家世背景还是从受教育程度来看，他都属于社会的上层人士。当时的贵族对一般民众除了发号施令之外，很少与他们交谈。但杰斐逊却不管这一套，他和家中的园丁、佣人、餐厅里的服务生们都能轻松、愉快地交谈。

能使人轻松、愉快地和你交谈绝对是一门高深的学问，千万别低估它的价值。杰斐逊有一次对法国伟人拉法叶特说："你必须像我一样到一般的民众家里去坐一坐，看一看他们的菜碗，尝一尝他们吃的面包。只有你这样做了，你才能理解他们不满的原因，并且懂得正在酝酿中的法国革命其中的深刻意义了。"

在哈佛大学这个人文荟萃之地，每一个人身上都有一些值得别人学习之处。因此，杰斐逊"向每个人学习"的论点是颇受哈佛师生推崇的。

一位哈佛大学的教授指出："杰斐逊总统的勇气和理想主义是建筑在知识之上的。"在他生活的时代里，他知道的几乎比任何人都多。据说他在很年轻时就能够解释太阳和星球的运动，并能绘制房屋设计图、训练马匹、拉小提琴等。

杰斐逊有着无穷的潜力和精力，他着手过创造发明的研究，写过书，发表新的见解并开创了多个领域中的人类活动的新纪元。他还是一位农业专家、考古学家和医学家。他用来试验作物的轮种法和土地肥沃保护法，要比美国社会正式推行早了整整一个世纪。他还发明了一架比当时更为先进且完善的犁具。他影响了整个美国的建筑业。他经常会制造出一些能方便人们日常生活的设备。人们对他发明的许多小机器，都如数家珍：如一架能誊写重要文件的机器，一个能同时标示室内和户外气温的温度计，一张圆转桌和许多其他东西。

1796年，杰斐逊成了美国哲学界的领袖，这对注重自由和进步的美国哲学流派提供了很大帮助。这一流派里包括好几位伟人：一位是著名作家汤姆斯·潘恩；另一位是本杰明·拉什博士，他对心理学做出了杰出的贡献；还有一位是发现氧的约瑟·普里斯特利。他们这些人一致公认杰斐逊是他们的领袖，因为他对他们研究的范围无一不通晓。

熟悉他的人写道："杰斐逊外表看来似乎不像总统，倒更像是一位哲学家。他爱好质朴的哲学。在他参加宣誓就任总统的典礼时，他一人独自骑马前去，自己把马拴在栏杆上，然后再去参加典礼。他痛恨'阁下'这一称呼，而坚持让人叫他杰斐逊先生。他的身高有七英尺，体格十分强壮。但他的衣服好像总是太小了。他随意地坐在朋友们中间，脸上带着开朗的笑容，整个人就是一副轻松闲适的样子。人们常说，无论他走到哪里，他都会把那种不拘礼节的作风带到哪里。"

生活上也亦然。不妨将每个人都当成自己的老师，虚心求教。倘若你能在路口就知道这是条死胡同，又何必一定要自己花时间再去里面转一圈呢？

“不必问自己是成功还是失败，该问的是你是否保持着学习姿态。”放下虚荣心和面子吧，仔细观察身边的人们，你绝对会在他们身上发现宝贵的经验并受益。

7.居安一定要思危，得意更要保持低调

从历史的行事中可以看出，我们自古就是讲究中庸的，这个词几乎涵盖了整个儒家文化。不过分地偏左，也不过分地偏右，尽可能保持平衡。这个理念如果用在隐忍学上，那就是得意的时候要低调，居安而思危；失意的时候要坚强，不能一蹶不振。

世事变幻，人生无常。隐忍学告诉我们，时刻记住“锐者易折”的道理。人生总有得意时，但是得意也要保持低调。

南北朝时期，陈后主是陈朝的最后一个皇帝。唐代诗人杜牧有感于陈朝灭亡，写下一首七言绝句，说的就是陈后主不理朝政，骄奢淫逸：“商女不知亡国恨，隔江犹唱后庭花。”

陈后主即位之初政治比较清明，国家富强安定，可是这种

情况持续的时间并不长；由于陈后主的骄傲自满，以为陈朝已经固若金汤，无须居安思危，所以终日花前月下，纵情酒色，放浪形骸，很快，起初的一代明君就变成了昏庸之君。

即位后不久，陈后主被弟弟叔陵斫伤，终日在后宫养病，只留当时他最宠幸的张贵妃陪伴于身旁，将其他妃嫔包括皇后都摒斥在外。

皇后沈婺华，出身显贵，父亲为陈朝重臣，母亲是陈朝开国皇帝陈霸先之女会稽穆公主。她聪明贤淑，精通诗书礼仪，但因羸弱多疾，后主对她还不及一般妃嫔，这样一来备受宠幸的张贵妃成为事实上的后宫之首。

张贵妃初入宫时，是龚贵嫔侍儿，偶然被后主见到，被其美色迷惑，对其宠爱有加，很快封为贵妃，后生太子深。她又非常会察言观色，每次宴会宾客，张贵妃都会荐诸宫女参与其事，宫女们对她甚为感激，于是都在皇帝面前说她好的一面。

张贵妃得宠以后，陈后主越来越怠于政事，文武百官凡有奏章，都必通过宦官蔡脱儿、李善度等人才能达于帝前。每次批改奏章，后主都与张贵妃共同定夺，张贵妃正好借此机会干预政事，朝中的大小事情没有她不了解的。后主见朝野上下的言论，张贵妃足不出宫都了如指掌，更加对她宠幸。可是后主并没有看到政治形势的可危之处：朝中宦官佞臣，内外勾结，王公显贵，骄横不法，花钱买官者屡见不鲜。更有甚者，后宫犯法的，只要请张贵妃说情，后主往往都会既往不咎。荒于酒色的陈后主仍然没有意识到，“一时的兴旺并不代表一世的兴旺”，还继续过着骄奢淫逸的糜烂生活。

朝中正直的官吏实在看不下去了，上奏后主，阐明了朝中的混乱局势，并且力陈施文庆、沈客卿等人飞扬跋扈、专制朝政之举，可昏庸的后主已听不进任何忠言，先后将大臣毛喜贬谪出朝，将右卫将军兼中书通事舍人傅縡赐死狱中。

耿直的大臣章华，上书后主说：“陛下即位，于今五年，不思先帝之艰难，不知天命之可畏，溺于嬖宠，惑于酒色。祠七庙而不出，拜妃嫔而临轩。老臣宿将，弃之草莽；谄佞谗邪，升之朝廷。今疆场日蹙，隋军压境，陛下如不改弦易张，臣见麋鹿复游于姑苏矣！”

后主收到这样的奏章不但没有悔过自新，而且一怒之下将其斩首，朝中官员见后主如此暴虐，都明哲保身，三缄其口，一个本来兴旺发达的国家就被陈后主弄得岌岌可危了。他总以为自己是那个“得志”之人，而不知道“失意”之日已不远矣。

陈后主本来可以避免亡国，但是奸臣当道，妃嫔蛊惑，更加上他自己不知居安思危，最终导致国家灭亡。古往今来，太多才高位高之人不是因为自身能力输于别人，而是因自己的功绩变得骄矜自恃，忘了“盛极必衰，物极必反”的道理，这样也终会被命运惩罚。

《史记·滑稽列传》中说："酒极则乱，乐极则悲。万事尽然，言不可极，极之而衰。"祸福之间是可以互相转换的，得意到了极点，往往就是失意的开始：最辉煌的时刻，就意味着你将开始走下坡。

所以，真正的智者懂得在得意时更要压低姿态。因为失意的时候还好说，一旦得意，人会不自觉地膨胀，自我放大，就像一把开了刃的尖刀。好像没有什么困难能难倒他，没有什么问题他解决不了。殊不知，这把尖刀随时可能伤害他最亲近的人，也随时可能受到意外的打击。因为它的锋利，所以它才脆弱，折断可能只是瞬间的事。

明朝有个人叫沈万三，是当时的"全国首富"。他家有田产上万顷，而且在四路八乡的城镇开设有许多店铺。对于他的商业才能，余秋雨先生有过一句评价：中国14世纪杰出的理财大师。

沈万三太有钱了，就连当时的首都南京城，有一半都是他出钱修筑的。朱元璋定都南京后，准备重修都城。可是由于连年的战乱，造成国库十分空虚，皇帝没有那么多钱，只好向几个大户借钱。财大气粗的沈万三是当仁不让，主动表示承担一半的钱粮开销。

商人出身的沈万三自然有他的道理，自己这次出了大钱，而且是帮皇上的忙，这个功劳还小吗？如果靠上皇帝这棵大树，名利双收指日可待。

沈万三的自我感觉好极了，得意之情溢于言表。当今皇上都得靠我接济，这是何等荣耀啊！他与皇帝的工程同时开工，结果沈万三先于皇帝完工，朱元璋很不高兴。

修筑帝都三年之后，沈万三觉得“不过瘾”，又申请由自己“掏腰包”犒赏三军。全国军队每人银子一两，总共近百万两。看到这种情况，朱元璋更难受了：他本来就出身贫苦，再加上心胸狭窄，终于由妒而恨，“匹夫犒天子之军，乱民也，宜诛之”。从那时起，朱元璋下令收他重税每亩九斗三升，相当于亩产的一半多。

沈万三认为，自己是修建首都的头号功臣，而且还给大明的军队花了那么多钱，皇帝怎么也得向我这个“土财主”表示一下谢意。可是他忽略了功高盖主的古训。大明朝是朱元璋的，姓朱不姓沈，皇帝哪里容得下沈万三这样的普度众生的“活菩萨”？

朱元璋看到沈万三比自己还富有，不得不胡思乱想：花了那么多钱，会不会是想收买我的天下？就算你有再多的钱，我说句话就能给你安个乱民的罪名，把你的财富变成我的！

朱元璋翻脸了，要不是马皇后求情，沈万三真要人头落地，最后他被发配云南，亿万家产被没收。

曾经的荣华富贵一下子变成了过眼云烟，一贯养尊处优的他，根本受不了云南的凄凉清苦。身体上的折磨还是次要的，心理上的痛苦才让他不能承受，自己为了大明朝出了那么多的财力，最后却落得这样的下场。不出三年，沈万三就在愤懑抑郁中死去了。

古人的故事告诫今人，在牢记“无限风光在险峰”的同时，我们更不要忘记“高处不胜寒”！诚然，我们不能要求所有人都像古人所说“无欲则刚”，但也不能如李白所畅言“人生得意须尽欢”！

当今社会，人们的生活品质有了大幅度的提高。很多人开始向内敛含蓄的方向转变，得意而不忘形逐渐成为人们处世的准则。在人生得意时，一定要在内心给自己划一道警戒线，哪些是可以逾越的，哪些是不能触碰的。这体现了一个人的修养，身居高位而沉得住气才是真正胸中含有大韬略的人。记得矜持低调、克己奉公、不事张扬，只有懂得这些生活道理并真正做到的人，才能站得更高、走得更远！

第四章

大格局有大智慧，思路决定出路

1.脑洞有多大，创意就有多大

有了正确的思路，才能发挥出卓越的智慧。美国著名地质学家华莱士在总结其一生成败经验的著作《找油的哲学》中这样写道："找油的地方就在人的大脑中。"他提出了一个著名的观点：人的大脑里蕴藏着丰富的宝藏，而思路是其中最珍贵的资源。

一天，有人卖一块铜，喊价竟然高达28万美元。一些记者很好奇，后来得知，原来卖铜的这个人是个艺术家。不过，不管怎样，对于一块只值9美元的破铜块，他的要价无疑是个天价。为此，他被请进了电视台，向人们讲述了他的道理。他认为：一块铜，价值9美元，如果做成门把手，价值就增加为21美元；如果制成纪念碑，价值就应该增加为28万美元。他的创意打动了华尔街的一位金融家，结果那块只值9美元的铜被制成了一尊优美的铜像，成为一位成功人士的纪念碑，最后的价值增加到30万美元。

9美元到30万美元之间的差距，可以归结为思考的结晶、创造力的体现，或者说这中间的差价，就是思维的价值、创造力的价值。由此，我们不难看出，思路对我们的工作和生活有多么重要。在现实生活中，善于思考问题、善于改变思路的人，总能在困境中寻找到解决问题的方法，在成功无望的时候创造出柳暗花明的奇迹。

一家建筑公司的经理忽然收到一份购买两只小白鼠的账单，心里好生奇怪。原来这两只老鼠是他的一个员工买的。他把那个员工叫来，问他为什么要买两只小白鼠。

员工回答道："上星期我们公司去修的那所房子，要安装新电线。我们要把电线穿过一根10米长，但直径只有2.5厘米的管道，而且管道砌在砖墙里并且弯了4个弯。我们当中谁也想不出怎么让电线穿过去，最后我想到一个好主意。

"我到一个商店买来两只小白鼠，一公一母。然后我把一根线绑在公鼠身上并把它放到管子的一端。另一名工作人员则把那只母鼠放在管子的另一端，逗它吱吱叫。公鼠听到母鼠的叫声，便沿着管子跑去救它。公鼠沿着管子跑，身后的那根线也被拖着跑。我把电线拴在线上，小公鼠就拉着线和电线跑过了整条管道。"

这个员工的思维非同一般，他用智慧解决了问题。

只有创新的思路才能突破困境，带我们找到正确的方向。成功的喜悦从来都是属于那些思路常新、不落俗套的人们。所以，要想在职场中大展宏图，就要在你的头脑中形成正确的思路，并决心为之付出努力。

美国食品零售大王吉诺·鲍洛奇一生给我们留下了无数商战传奇。10岁那年，鲍洛奇的推销才干就显露出来了。那时他还是个矿工家庭的穷孩子，他发现来矿区参观的游客们喜爱带走些当地的东西作纪念，他就拣了许多五颜六色的铁矿石向游客兜售，游客们果然争相购买。不料其他的孩子立即群起效仿，鲍洛奇灵机一动，把精心挑选的矿石装进小玻璃瓶。阳光之下，矿石发出绚丽的光泽，游客们简直爱不释手，鲍洛奇也乘机将价格提高了1倍。也许正是这个有趣的经历，使得鲍洛奇对变通销售与定价有独到的理解。在一生的商业生涯中，他一直保持灵活变通的思想。

鲍洛奇的公司曾生产一种中国炒面，为了给人耳目一新的感觉，他在口味上大动脑筋，以浓烈的意大利调味品将炒面的味道调得非常刺激，形成一种独特的中西结合的口味，生产出了优质的中国炒面。同时，使用一流的包装和新颖的广告展开大规模的宣传攻势，打出“中国炒面是三餐之后最高雅的享受”的口号，把中国炒面暗示成家庭财富和社会地位的象征。鲍洛奇这一做法相当成功，他把注意力主要集中在了大量中等收入的家庭上。他认为，中等收入的家庭，一般都讲究面子，他们买东西固然希望质优价廉，但只要有特色，哪怕价钱贵一些，他们也认为物有所值，他们是中国食品生意的主要对象。所以针对他们的心理，鲍洛奇在包装和宣传上花了很多精力。果然不出所料，中等家庭的主妇们皆以选购中国炒面为荣，尽管鲍洛奇的定价很高，她们依然不觉得贵。

另一方面，鲍洛奇很会揣摩顾客的心理，常常利用较高的价格吸引顾客的注意力。由于新产品投放市场之初，消费者对这种相对高价格商品的品质充满了好奇，很容易就激发了他们的购买欲。并且，一种产品的定价较高，可以为其他产品的定价腾出灵活的空间，企业总能占据主动。当然，这一切都是建立在产品的品质的确不同凡响的基础上的。

还有一次，鲍洛奇的公司生产了一种蔬菜罐头，由于别的厂商同类产品的价格几乎全在每罐0.5美元以下，所以公司的营销人员建议将价格定在0.47美元到0.48美元之间。但鲍洛奇却将价格定在0.59美元，一下提高了20%！鲍洛奇向销售人员解释说，0.5美元以下的类似商品已经很多了，顾客们已经感觉不到各种商品之间有什么区别，并在心理上潜意识地认为它们都是平庸的商品。如果价格定在0.49美元，顾客自然会将之划入平庸之列，而且还认为你的价格已尽可能地定高，你已经占尽了便宜，甚至产生一种受欺骗的感觉；若你的产品价格定在0.5美元以上，立即就会被顾客划入不同凡响的高级货一类；定价至0.59美元，既给人感觉与普通货的价格有明显差别，品质也有明显差别，还给人感觉这是高级货中不能再低的价格了，从而使顾客觉得厂商很关照他们，顾客反而觉得自己占了便宜。经鲍洛奇这么一解释，大家恍然大悟，但总还有些将信将疑。后来在实际的销售中，鲍洛奇掀起了一场大规模促销行动，口号就是“让一分利给顾客”，更加强化了顾客心中觉得占了便宜的感觉，蔬菜罐头的销售大获全胜。0.59美元的高价非但没有吓跑顾客，反倒激起了顾客选购的欲望，公司的营销人员不得不佩服鲍洛奇善于变通的本事。

在走向成功的路上，总是会有各种各样的麻烦。但是我们不能因为那些麻烦而放弃了追求，更不能被胆怯阻碍了前进的脚步。成功与失败之间、幸福与不幸之间，往往只有一步之遥。只要你拥有好的思路，勇敢地面对生活，那么在征服困境之后，你就能享受胜利的甘甜，成功也将为你敞开大门。

2.既然改变是定律，又何苦死守?

在数亿年前，恐龙曾经是我们这个地球上最强大、最活跃的物种之一，但不知道什么原因灭绝了，至今没有一个科学家能拿出确切的证据和理论来解释。但有人曾提出一个观点，就是当环境发生剧烈变化的时候，长期安于现状的恐龙缺乏“应变”和“学习”能力，无法改变自己以适应环境的变化。

职场如战场，淘汰本无情，如果一个人在中途倒下，则表示其生存的能力不够强。遗憾的是，在各个工作场所中，仍然有不少的“恐龙式”人物存在。

在工作中，“恐龙族”最大的障碍就是无法适应环境。在他们周围有许多学习新技术、进行深造的机会，但是他们往往视而不见，根本无心寻求新的突破。

工作与生活永远是变化无穷的，我们每天都可能面临改变，新产品和新服务不断上市，新技术不断被引进，新的任务被交付……这些改变，也许微小，也许剧烈。但每一次改变，都需要我们调整自我重新适应。

面对改变，意味着对某些旧习惯和老状态的挑战，如果你固守着过去的行为与思考模式，并且相信“我就是这个样子”，那么，尝试新事物就会威胁到你的安全感。

客观地说，随遇而安地过一种普普通通的生活也是一种人生，因为我们大多数人都是这样度过的。但是，如果总是随遇而安，把所谓的生活安全感放在人生的第一位，久而久之，我们就会产生一种惰性，机会来到面前也把握不住。

天地间没有不变的事情，万事万物随时而变，随地而变，随社会的发展而变，随人的生理、情感、观念而变。既然改变已成一种定律，我们又何苦死守？不如顺应这种改变的大潮，完善自己。

众所周知，艺人常常会变换自己的工作环境，如果不能很好地适应，那么无疑会影响他们的发展。职场中也是一样的，你必须想办法适应环境的变化，跟着公司的发展形势“玩”出新花样，想出新东西，创造出新玩意儿，也就是说，工作中如果不能适应环境，就没有出路，就很难得到发展。不发展，别人进步了，就意味着你落后，意味着你会被社会淘汰，意味着你会被人超越，甚至意味着被别人取而代之！

与此相反，假如你今天改变了、创新了，明天不仅不会被淘汰，反而会走在时代的前沿。

20世纪70年代，多元化成了全世界最流行的词语：世界多元化、国家多元化、关系多元化……各个企业为了迎接这股时髦的浪潮，也提出了很多多元化的经营战略。

被我们所熟知的迪斯尼，并不是以迪斯尼乐园起家，公司的赢利来源也不仅仅是主题乐园，而是以影视娱乐业为源头，媒体网络、主题公园和消费产品三大产业为延伸的多元产业层级赢利体系。

开始，迪斯尼制作动画、影视片，如《白雪公主和七个小矮人》《人猿泰山》等，通过发行出售，赚取第一轮利润；再通过媒体网络，如美国全国广播公司ABC以及娱乐与体育电视网ESPN等，赚取第二轮利润。在这两轮利润赚取的过程中，又为第三轮、第四轮利润做了铺垫：通过把电影和动画片里看到的故事变成可玩、可游、可感的游乐园（迪斯尼乐园），赚取第三轮利润；通过玩具、文具等消费品的出售，赚取第四轮利润。此外，迪斯尼还为米老鼠、唐老鸭、皮特狗等卡通形象申请专利，在法律保护下进行特许经营开发，获取利润。

由此可以看出，在共同品牌的引领下，产业的多元化增加了赢利点，极大地发挥了品牌与产业互动的乘数效应，使迪斯尼最终走向了成功。

20世纪80年代，我国的企业也开始朝着多元化的方向迈进。它们积极打破原有的保守思维，以跨国集团的方式融资，通过与别国的集团公司签订合作协议来弥补自己在技术上的缺陷，积极改掉单一的经营方式，并且处处寻找最大的利益点，在多方面完善自己，增强自己在国际经济舞台上的影响力。

其实，所有的成功都是多元化的。我们常说，一个能够高瞻远瞩的团队，一定具有很强的实战经验，其实这就是一种多元化的体现。因为在丰富自己的同时，这个团队很可能因此涉猎更多的领域，或者在同一领域里做了不同的事情，加强了各个方面的知识、能力的储备。虽然不是每一个领域都精通，但是因为有所了解，就可以在需要的时候灵活运用。

著名主持人杨澜离开央视去美国哥伦比亚大学留学时，班上有很多同学就来自国际家庭，譬如爷爷是西班牙人，奶奶是匈牙利人，爸爸从阿根廷来，妈妈在纽约上班，他们这种独特的家庭背景让杨澜意识到自己文化传统所带来的先天盲点："我发现世界上原本有各种各样的人、各种各样的思维方法，同样的事物有来自于不同角度的各式各样的看法。从此，我不再那么自以为是，不再以为自己以前一贯接受的观点肯定是正确的了。"

开放自己的思想，接受别人的思想，很多种思想的碰撞，就是多元化的重要表现形式。

企业在发展中，不能一直打保守战，以为只有自己的发展方向是对的、自己的管理模式是最好的，丝毫不去参考别人的经营模式。这是一个信息爆炸的时代，地球已经变成了村落，如果固守旧思想，坚持走单一的发展路线，那么我们将很快被激烈的竞争所淘汰。

个人同样需要开放思想，多向别人学习。但是在日常生活中，人们会利用各种规则来制约我们的思维发散。我们发现，很多大学生和研究生等受过高等教育的人，仿佛是一个模子里刻出来的，思路都是单一化的。

当前社会，一元化的人才太多了。我们都知道，不是社会不需要人才，而是社会不需要太多单一化的人才。所以，为了我们的前途与发展，请开放你的大脑，让多元化的阳光照进你的心灵，这样你才能真正实现自身的价值，获得成功。

3.此路风景独好，彼路风景更胜

古罗马有一句俗语是“条条大路通罗马”。关于这句话，有这样一个小典故。罗马城作为当时地跨亚非欧的罗马帝国的经济、政治和文化中心，频繁的对外贸易和文化交流使得大量外国商人和朝圣者络绎不绝。罗马统治者为了加强对罗马城的管理，修建了一条条大道。它们以罗马为中心，通向四面八方。据说人们无论是从意大利半岛的某一个地方还是欧洲的任何一条大道开始旅行，只要不停地往前走，都能成功抵达罗马城。而现在“条条大路通罗马”是形容达到一个目的的方法多种多样，我们在实现目标过程中会有多种选择。

无论是在追求梦想的道路上，还是在日夜奔波的生活中，我们常常会遇到“此路不通”的尴尬境地，但是变化已经存在，我们就只能去适应变化，调整自己。

一位母亲列了一份清单让自己的孩子出门买各种杂粮，并在孩子临走时给了他几个装米的袋子。

孩子来到粮店，依照购买清单一一过目，这才发现少了一个袋子。清单上详细地写了大米、小米、高粱和玉米四种粮食，而母亲就给了三个袋子。孩子没有多余的钱买布袋，也就没办法买全所有的粮食，于是就只装满了三个袋子回家了。

归来后，孩子一进门就抱怨母亲不仔细检查布袋，以至于让自己还要再跑一趟，买剩下的玉米。母亲笑了笑："你不会找老板要一根绳，然后把装得少的布袋从中间扎牢，那么上面一层不就可以装玉米了？实在没想到的话，你还可以再买一个布袋装玉米啊！"孩子反驳说没有多余的钱买布袋。母亲又笑了笑："傻儿子，你不会少要一斤米啊？这样不就能买布袋了吗？"

孩子一听傻了眼，又羞又恼地去买玉米了。

在问题面前，我们要想办法解决。一种办法解决不了，我们还可以想其他办法。最重要的是在遇到问题时不能循规蹈矩，墨守成规，一头钻进死胡同。要学会转换思路，改变角度，那样你会发现解决问题其实一点也不难。

我们必须意识到变化随时随地都有可能发生。我们不但要适应变化，适时调整，还要学会预见变化，做好迎接挑战的准备。

"此路不通彼路通，此路风景独好，彼路风景更胜。"事实上，我们之所以会执着于此路而停滞不前，是因为我们的固有思维认为那是最顺畅、最好的一条路。惯性思维方式让我们错过了许多宽敞顺畅的大路，也错过了许多别样的美丽风景。

“观光电梯”的发明其实很偶然，它的创意是在一次增设电梯的工程中闪现的。

因为人流量的加大，原本的电梯已不能满足人们的使用需求，美国摩天大厦出现了严重的拥堵问题。为了尽快解决这一问题，工程师建议大厦尽快停业整修，直到将新的电梯装好为止。这个建议很快得到了上层领导的认可并被付诸行动。当电梯工程师和大厦建筑师们做好了一切准备工作，开始要穿凿楼层时，一位大厦里的清洁工在询问情况时激发了工程师们的创意。

“你们得把各层的地板都凿开吗?”清洁工问道。工程师向她解释，如果不凿开，那就没法装入新的电梯。

“那大厦岂不是要停业很久?”清洁工又问道。工程师无奈地点头，“每天的拥堵情况你也看到，我们没有别的办法，也不能再耽误了，否则情况更糟。”

清洁工不经意地随口说道：“要是我，我就把电梯装到外面去。”

这个看似不经意的建议，其实蕴含了无限大的智慧。也许身为清洁工的当事人并没有察觉到她的一句玩笑话会成为工程师们的创意亮点。于是世界上第一座“观光电梯”就这样孕育而生了。

专业工程师为了解决大厦拥堵的状况，决定在大厦内再安装一架电梯，这一方案可谓吃力不讨好。而另一个方案不仅解决了问题，缩小了大厦停业的可能性，而且还创造出了有观景作用的电梯。这条路不仅解决了问题，而且还使人们欣赏到了最美的风景。

为什么工程师们的专业眼光就产生不了这一奇妙的创意呢？根本原因就在于这些工程师早已束缚在一成不变的建筑知识体系当中，形成了一套固有的思维方式。我们每个人都应避免被这种思维方式束缚，这样才能发现更好的解决方法。

获得成功的途径是多种多样的。鲁迅并不是弃医从文才获得成功，以他的伟大人格和深厚知识来说，即使他继续学医，往后未必不是另一个“白求恩”。像天才达芬奇，他的建树不仅在于艺术绘画等方面，而且在天文、物理、医学、建筑、水利和地质等方面都有一些重要的成就，成为后世学科研究的最好参照。

每一条路都能通往成功，唯一不同的只是这些路的艰险情况。正如“条条大路通罗马”一样，在不同的行业里，用不同的奋斗方式，都能使我们获得成功。“此路不通”的情况只存在于路标牌中，因为通过绕行，我们最终仍能殊途同归。

4.举一反三，摸着石头过河

遇到困难，人们总喜欢以顺势的思维去思考，希望在相同的领域里摸索到能够解决问题的方法，但有时却根本满足不了我们的需求，我们完全可以试着从其他的领域找方法。

人与人之间、事物与事物之间都存在着很多相似点，虽然表现的方式是不同的，但是只要你有一双善于发现的眼睛，你就可以找到他们的共同点，从而刺激大脑，找到解决问题的思路。

300多年前，一位奥地利医生给一个胸腔有疾的人看病，由于当时技术落后，医生无法发现病因，病人不治而亡。后来经尸体解剖，人们才知道死者的胸腔已经发炎化脓，而且胸腔内有大量积水。这位医生非常自责，决心要研究判断胸腔积水的方法，但始终不得其解。恰好，这位医生的父亲是个酒商，他不但能识别酒的好坏，而且不用开桶，只要用手指敲敲酒桶，就能估量出桶里面有多少酒。医生由此联想到，人的胸腔不是和酒桶有相似之处吗？父亲既然能通过敲酒桶发出的声音判断桶里有多少酒，那么，如果人的胸腔内积了水，敲起来的声音也一定和正常人不一样。此后，这个医生再给病人检查胸部时，就用手敲敲听听。他通过对许多病人和正常人的胸部的敲击比较，终于能从几个部位的敲击声中，诊断出胸腔是否有病，这种诊断方法被现代医学称为“叩诊法”。

后来，这种“叩诊法”得到进一步发展。1861年，法国男医生雷克给一位心脏病妇女看病时，非常为难。正在此时，他忽然想起了一种儿童游戏。孩子们在一棵圆木的一头用针乱划，另一头用耳朵贴近圆木能听到刮削声。由此，他有了主意。他请人拿来一张纸，把纸紧紧卷成一个圆筒，一端放在那妇人的心脏部位，另一端贴在自己的耳朵上，果然听到病人的心脏的跳动声，而且效果很好。后来，他就将卷纸改成小圆木，再改成橡皮管，另一头改进为贴在患者胸部能产生共鸣的小盒，最终发展成了现在的听诊器。

摸着石头过河，尽管医生在探索的过程中会遇到艰难，打破行业的界限也不是一件容易的事情，但是，面临自己解决不了的难题，既然没有更好的方法，那么我们完全可以拓宽自己的思路，吸收一些不同的想法和做法，举一反三，将不相同的事物串联起来，使不可能变成可能。

在生活中，我们更加需要这种以一点观全局，以此类事物联想到彼类事物的思维方式。特别是在职场中，我们身边的很多人都从事过不同的行业，他们可能会觉得自己的不同经历之间是没有联系的，其实这样的想法是错误的。你可能现在在做编辑，但是曾经做过的销售工作，也能为你的开阔思路起到一定的作用，你的生活阅历也将是你进行创作的基础；你可能现在在做文员，可是以前的教师职业也能让你感受到文科办公室里的氛围，你的思想会在那个氛围当中得到很好的熏陶……虽然摸着石头过河有一些冒险，但是当你渡过了难关，你就会发现，自己已经从毛毛虫变成了一只翩翩起舞的漂亮蝴蝶。

在企业当中，同样需要将触类旁通运用到极致。众所周知，市场是没有现成的规律可以遵循的，它总是在以飞快的速度变化着。如果我们想要依靠相同领域里的其他人的思想来为自己创造效益，那么无疑我们就是在模仿他人。跟在别人的身后，是不会有什么大发展的，所以我们要走出一条属于自己的道路。但这又十分艰难。每个人大脑的开发程度是有限的，不可能事事都能想到对策，所以我们就要摸着石头过河，利用其他领域的观念，来创造自己的人生财富。

5.创造力是一生享用不尽的财富

很多人发现机遇是一种偶然，也是一种必然。因为有的人注定一生不能发现机遇，即便机遇就在眼前。而有的人则注定会发现很多机遇，即便机遇离他很远，他一眼便能看见，这就是平凡者和伟大者的区别。因此我们不难发现，这种区别就源于他们自己的眼光。平凡者的眼光是平凡的，即便看见一些不平常的现象，他们也会习以为常，走马观花匆匆而过。然而就在他习以为常的现象后面，往往躲着他找寻了大半辈子的机遇。而对于那些成功者而言就不一样了，即便是一件平凡不已的事情，在他们眼中都会有不平凡之处，他们能发现藏在这些现象背后的机遇，即便要找寻这个机遇得拐好几个弯，他们也不会错过。

所以，当一个人处于一种难以解脱的困境或者是在工作中遇到难题时，要善于从原有的思维中跳出来，换一个角度或者是思维重新去考虑问题，寻求解决之道，因为只有你的“心”变了，你才能迎来新的曙光。

想别人所不能想到的，做别人所不能做到的。只有以小事为突破口，在细节处下功夫，在别人没有注意到的地方做足了文章，你才能在与别人的竞争中取得优势。

创新是一个永远不老的话题，创新并不是少数几个天才的权利，每个人都能创新。在细节中创新，就是要敏锐地发现人们没有注意到或未重视的某个领域中的空白、冷门或薄弱环节；改变思维定式，最终将你带入一个全新的境界。

想别人没想到的，做别人没做到的，就要求你特别注意生活中的细节问题。也许某个不经意的举动，就可以使你灵光一现，你便会有所突破拥抱美好前途了。

古语有“变则通，通则达”的说法，创意是在实践中得到提高发展的。学会细心观察，用心观察生活的某个镜头，慢慢地你就会发现世界上的事情总是在变，而能够利用这种变化为自己创造机会、创造成功的人，才会拥有闪亮的人生。例如，怎样使电视看起来更清晰？怎样使沙发坐起来更舒服？怎样使阅读更便捷？……需要创新的东西太多，正因如此，创新才使我们的生活变得丰富多彩。

有位日本妇女，在用洗衣机洗衣服后发现，衣服上总会沾上一些小棉团之类的东西。有一天，她突然想起小时候在山冈上捕捉蜻蜓的情景。她想，小网可以网住蜻蜓，同样也可以网住那些小棉团。于是她用了三年的时间，边做边想，边想边做。终于在经过无数次的实验之后取得了成功。这种小网挂在洗衣机内，那些杂物就清除掉了。由于它构造简单，使用方便，成本低廉，受到大家的欢迎。当然她获得了高额的专利费。只要留心观察生活，它总会带给我们惊喜。

一个人潜在的创造力是一生享用不尽的财富，它可以使你战胜任何困难。这些困难并不一定指你所犯的错误或者遭遇的挫折，它们还包括你不知道如何将事情纳入正轨，或者如何解决的一些困难。多数时候，你知道如何解决汽车抛锚的问题，你也知道如何对付经理布置的几乎不可能按期完成的加班任务。所以说，你也具有创造能力，并且有可以把内心的梦想变为现实的所有能力。

就此而言，创造力是一种最高的力量，或许你对这种力量没有任何概念，但你却会梦到它。创新能力是所有人都具备的能力。只要学会细心观察，慢慢地你就会发现世界上的事情总是在变，而能够利用这种变化为自己创造机会、创造成功的人，就会拥有闪亮的人生。那些被认为是有创新能力的人所拥有的创造力其实仅比你多了一点点。

6.犯错不可怕，但你要学会反思

在成长中，谁能丝毫无错？犯错不可怕，但你要学会反思，从错误中吸取经验教训。不经反思的生活，品质难提升；不总结生活经验的人，只能原地踏步。

戴尔·卡耐基说："我的档案柜中有一个私人档案夹，标示着'我所做过的蠢事'。夹中插着一些做过的傻事的文字记录。我有时口述给我的秘书作记录，但有时这些事是非常私人的，而且愚蠢之极，不好请我的秘书作记录，因此只好自己写下来。每次我拿出那个'愚事录'的档案，重看一遍我对自己的批评，可以帮助我处理最难处理的问题——管理我自己。我曾经把自己的麻烦怪罪到别人头上，不过随着年龄渐增，我最后发现应该怪的人只有自己。很多人随着年纪的增长都认清了这一点。"

拿破仑被放逐到圣赫勒拿岛时说："我的失败完全是自己的责任，不能怪罪任何人。我最大的敌人其实是我自己，这也是造成我的悲惨命运的主因。"

富兰克林每晚都自我反省。他发现了自己会犯13项严重的错误。其中3项是：浪费时间、关心琐事及与人争论。睿智的富兰克林知道，不改正这些缺点，是成不了大业的。所以，他将一周改进一个缺点作为奋斗目标，并每天记录赢的是哪一边。下一周，他再努力改进另一个坏习惯，他一直与自己的缺点奋战，整整持续了两年。最后富兰克林成为了受人爱戴、极具影响力的人物。

人不可能避免犯错，但切不可一错再错。"人非圣贤，孰能无过"，世界上没有一个人能保证自己永远不犯错。但是，为什么有的人成就卓著，而有的人却成就低下？其实，答案很简单：有的人一错再错，没有及时地从错误中吸取教训，而延缓了前进的步伐。

在现实生活中，如果你总是犯同样的错误，可能还会有另一些你没想到的后果。

(1) 暴露你的思维模式及行为习惯

如果你总是犯同样的错误，这表明你的思维模式出现了僵化之处。在做错事之后，也许你想很好地反省自己，但你却没有发现问题所在，所以下次做事时还是出错；也许你发现了问题，但因为受到长期累积下来的行为习惯的束缚，下次做时还是明知故犯。这种人若是带兵打仗，定会吃败仗；待人处世时，也会生出许多是非。由于你会在何种场合出错早就被人料定，那你在与人竞争时还有什么胜算可言呢？

(2) 影响他人对你的评价

当人们评价一个人时，往往先看外表，再看其所做出的具体事情。事情做得越好，进行得越深入，别人的评价就越高。如果你老是做错事，人们对你的评价自然就低。若是一再犯同样的错误，评价就更低了，因为别人会对你的反省能力、做事能力及用心程度产生怀疑。即使你是无心之过，犯的是小错，别人对你的评价也会大打折扣。

应慎重地面对犯错及其后果。首先，你要反省与检讨自己，彻底了解自己犯错的原因何在，是能力问题、技术问题，还是性格问题、观念问题？尤其是后面的二者，有必要毫不留情地予以检讨，这样才不会自我欺骗，逃避真正的问题。其次，要反思自己及别人错误的经验，借反思来提高自我警觉。人会犯错，经常是因为性格及习惯所造成的，反思错误的经验有助于修正自己性格及习惯上的偏差。

曾子说："吾日三省吾身。"只有每天反省自己的人才能从自己的经验中获得启示，才能获得精神上的进步。不对自己的生活进行反思，我们的宝贵经验就白白流失了。让我们做自己最严苛的批评家，在反思中不断成长吧！

7.记得你所做过的那些蠢事，别再做第二次

世界上没有一个人能保证自己永远不犯错误。对于社会中的每一个人来说，我们应当牢记的一个法则是：不要犯同样的错误。正如那句谚语所说，一只狐狸不能以同一的陷阱捉它两次，驴子绝不会在同样的地点摔倒两次，只有傻瓜才会第二次跌进同一个池塘，任何人都难免犯错误，不犯错误的人是没有的，聪明的人能够吸取上一次的教训，为防止下一次挫败做好准备；愚蠢的人并不能这样做，仍然在犯与第一次相同的错误。

所谓"吃一堑，长一智"，我们应该从错误中吸取教训，

确保下一次不再犯同样的错误，人们不应该两次走进同一条死胡同。

有一次，一个猎人捕获了一只能说100种语言的鸟。

这只鸟说："放了我，我将告诉你三条忠告。"

猎人回答说："先告诉我，我保证会放了你。"

鸟说道："第一条忠告是：做事后不要懊悔。"

"第二条忠告是：如果有人告诉你一件事，你自己认为是不正确的就不要相信。"

"第三条忠告是：当你爬不上去时，别费力去爬。"

讲完这三条忠告之后，鸟对猎人说："现在你该放了我吧。"猎人依照刚才所说的将鸟放了。

这只鸟飞起后落在一棵高树上，它向猎人大声叫道："你放了我，你真愚蠢。但你并不知道在我的嘴中有一颗十分珍贵的大珍珠，正是这颗珍珠使我这样聪明。"

这个猎人很想再次捕获这只放飞的鸟，他跑到树跟前并开始爬树。但是当爬到一半的时候，他掉了下来并摔断了双腿。

鸟嘲笑他并向他叫道："傻瓜！我刚才告诉你的忠告你全忘记了。我告诉你一旦做了一件事情就别后悔，而你却后悔放了我。我告诉你如果有人对你讲你认为是不可能的事，就别相信，但你却相信像我这样一只小鸟的嘴中会有一颗很大的珍珠。我告诉你如果你爬不上某东西时，就别强迫自己去爬，而你却追赶我并试图爬上这棵大树，还掉下去摔断了你的双腿。”

“这句箴言说的就是你：‘对聪明人来说，一次教训比蠢人受一百次鞭挞还深刻。’”

说完鸟就飞走了。

这则故事的寓意可谓深刻至极。同样，无论是在生活中还是在工作中，我们经常听到别人的忠告，有时自己也会对别人提出忠告。忠告一般都是从经验教训中总结出来的，目的就是为了避免下一次的错误。因此，我们应该从自己成功与失败的经历中得出经验教训，然后根据实际情况灵活运用，避免犯同样的错误。

下面是一位深谙自我管理艺术的人物豪威尔的故事，他是美国财经界的领袖，曾担任美国商业信托银行董事长，还兼任几家大公司的董事。他受的正规教育很有限，在一个乡下小店当过店员，后来当过美国钢铁公司信用部经理，并一直朝更大的权力地位迈进。

豪威尔先生讲述他克服危机的秘诀时说：“几年来我一直有个记事本，记录一天中有哪些约会。家人从不指望我周末晚上会在家，因为他们知道，我常把周末晚上留出来进行自我省察，评估我在这一周中的工作表现。晚餐后，我独自一人打开记事本，回顾一周来所有的面谈、讨论及会议过程。我自问：‘我当时做错了什么？’‘有什么是正确的？我还能做些什么来改进自己的工作表现?' '我能从这次经验中吸取什么教训?' 这种每周检讨有时弄得我很不开心，有时我几乎不敢相信自己的莽撞。当然，年事渐长，这种情况倒是越来越少，我一直保持这种自我分析的习惯，它对我的帮助非常大。"

豪威尔的做法值得我们每一个人学习，睿智的人知道，不吸取教训，不改正错误，是成不了大业的。

一般人常因他人的批评而愤怒，有智慧的人却想办法从中学习。诗人惠特曼曾说："你以为只能向喜欢你、仰慕你、赞同你的人学习吗?从反对你的人、批评你的人那儿，不是可以得到更多的教训吗?"

与其等待敌人来攻击我们或我们的工作，倒不如自己动手。我们可以是自己最严苛的批评家。在别人抓到我们的弱点之前，我们应该自己认清并处理这些弱点，及时完善自己虽然不能保证百战百胜，但至少可以避免敌人用同样的手法轻易地击败自己。

第五章

大格局有双赢观，你好我好才是真的好

1.单打独斗，迟早要摔跟斗

“滴水不成海，独木难成林”，一个人的力量毕竟是有限的，只有凝聚众人的力量，团结合作，才能促成“众人种树树成林，大家栽花花满园”的壮丽局面。

人与人之间需要一种合作的关系！合作亦等于团结，大家都知道“团结就是力量”，没错，一个人的力量再强大，也比不上大家团结合作的力量大。

圣马诺是美国著名的百货公司圣马诺·皮埃尔公司的创始人之一。他一生最大的长处，就是善于与人合作，这也是他成功的最主要因素。

圣马诺在刚开始创业的时候，饱尝了“伙伴难找”的滋味。直到一天晚上，他遇到了在自己的事业中起关键作用的人皮埃尔。两人一见如故，而且当他们谈到兴高采烈时，居然隔着桌子热烈地拥抱在一起。以两人姓氏为名的世界性的大企业“圣马诺·皮埃尔公司”在这次拥抱中诞生了。合作带来了新的财力和机遇，圣马诺如虎添翼，公司第一年的营业额就比圣马诺单干时增加了将近十倍，高达40万美元。

合作的第二年，公司营业额增长更快，这种发展速度是二人始料未及的。在他俩明显地感到力不从心之后，皮埃尔提议说：“我们何不请一个有才能的人加入我们的生意？”圣马诺对他这个建议由衷地赞许道：“好吧，我们为我们的生意找个老板。”

圣马诺和皮埃尔经过几番谋划、考察，终于，一个布店老板进入了他们的视线。这是一家人群拥挤的布店，门前贴着的大纸上写道：衣料已售完，明日有新货进来。而那些抢购的女人，唯恐明天买不到，纷纷预先交钱。圣马诺和皮埃尔对这种场面非常好奇，于是询问了店里的伙计。伙计解释说，这种法国衣料原料不多，难以大量供应。圣马诺知道这种布料进得不多，但并非因为缺少原料，而是因为销路不好，没法再继续进口。看到布店老板对女人心理如此了如指掌，以缺货来吊起时髦女性的胃口，他觉得这个老板经营手法实在高人一筹，令人折服。

圣马诺和皮埃尔不约而同地认为：这个人就是他们要找的人。然而，当他俩与店主见面时却大感意外，不禁面面相觑。原来这位店主他们已认识好几年，只是对这位名叫戴维斯的店主没有什么特殊的印象。寒暄之后，圣马诺开门见山地对戴维斯说：“我们想请你加入我们的生意，坦白地说，想请你去当总经理。”戴维斯在了解到实际情况后，欣然应允。

当上总经理的戴维斯为报知遇之恩，工作非常投入，取得了惊人的成就。圣马诺·皮埃尔公司声誉日隆，在十年之中，营业额竟增加了六百多倍。到鼎盛时期，该公司已拥有30万名员工，每年的销售额将近70亿美元。

在竞争日趋激烈的商业社会里，合作之道早已成为一股强大的力量！因此，要想成为强者，脱颖而出，最直接最有效的方法莫过于寻求功成名就之士并与之合作。

长安集团拥有七大汽车制造企业，“长安”品牌的价值如今已高达46.18亿元，成为国内小型车行业最有价值的汽车品牌。应该说，长安这些成绩的取得，是离不开长安集团总裁尹家绪与美国福特——这个世界汽车工业巨头——的合作的。

尹家绪在上任长安集团总裁不久，即开始积极寻求海外合作伙伴。幸运的是，在当时，美国福特公司也在苦苦寻觅着它的“心上人”，于是两者一拍即合。2000年4月25日，长安汽车(集团)公司与福特汽车公司签署了合作开发生产轿车的合资合同。

长安与福特联姻震动了当时的中国汽车界。因为业内人士十分清楚，这一“联姻”将使长安集团迅速成长为中国汽车业中的一支主力军，用长安人自己的话说就是“重庆长安在中国市场同时也有了发言权”。果然不出众人所料，迄今为止，长安集团借此已经在国外建设多条生产线，而合资后的第二年即2001年，长安汽车的出口量就突破3000辆大关，成为当年国内微型汽车企业出口量之最。

长安集团之所以有了今天的辉煌，就是因为长安集团的领导者们把聪慧的头脑用在了合作之上，借用别人的力量来发展和壮大自己。这也充分说明，众人拾柴火焰高；大家无穷的力量，才是让你实现自我超越的强劲动力。

俗话说“人多力量大”“团结就是力量”“人心齐，泰山移”，良好的人际关系可以让人与人之间产生一种合作的愿望，一位成功的企业家说：“现在的创业时代，早已不是单打独斗、充当个人英雄的时代了。大家互惠互利，合作双赢才是硬道理。”在现实生活中，没有人能够成为一个无所不能的超人。我们必须告别单枪匹马的时代，学会合作取胜。

2.帮别人攀登，自己也能登上去

“帮助别人往上爬的人，会爬得最高”，如果你帮助其他人获得他们需要的事物，你也能因而得到想要的事物，而且帮助得愈多，得到的也愈多。

哈特瑞尔是一位水准很高的演说家，他曾经说当他还是东德克萨斯州的一个小孩时，有次跟两位朋友在一段废弃的铁轨上走，其中一位朋友身材很高，另一位则是个胖子。孩子们互相竞赛，看谁在铁轨上走得最远，结果两个人都只走了几步就跌了下来。

后来，哈特瑞尔跟他的朋友分别在两条铁轨上手牵着手一起行走，彼此都找到了保持平衡的支点，他们便可以不停地走下去而不会跌倒。这就是合作的可贵。

助人就是助己，生存就是共存。社会分工越细，每个人对他人的依存度就越高，不会与别人合作，就相当于把自己送入地狱。创业做生意也是一样，单打独斗的年代早已一去不复返了，这是一个崇尚合作的时代。一个人或者一个企业的力量毕竟是弱小的，只有互相帮助，本着合作求双赢的经营理念，企业才能做大做强。

江苏省张家港市的长江村从一个“要饭村”磨砺三十载，变成了资产总额达8亿元的村子。富裕了的长江村也开始了自己的扶贫之路，从1997年至今，长江村已经向安徽省凤阳县小岗村输送扶贫资金420万元，帮助小岗村修建了一条水泥路面的村级大道，办起了一个占地80亩的葡萄示范园，全村90家农户种植葡萄。葡萄苗、化肥、管理费用都由长江村全部足额补贴。长江村不仅在小岗村发展鲜食葡萄，还大力发展葡萄酿酒，搞葡萄深加工。后来，他们还带小岗村人去法国、西班牙考察，并与法国一家葡萄酒厂达成了开发生产葡萄酒的合作意向。

郁全和说：“我们帮扶小岗村建路，搞葡萄园，有人不理解。我当时就想，作为先富起来的我们，要有博大的胸怀。现在想，还要补充一点，就是帮了他们，也扶了我们自己。”

截至目前，长江村在苏北贫困地区宿豫县投资3.5亿元，兴办了几家企业。彩涂板厂已经开工建设，这有利于宿豫县的经济发展，对长江村也有好处。长江村现在发展的空间不大，此举解决了长江村生产车间不足的问题。另外，由于生产成本较低，还可提高投资收益率。“帮了别人，也扶了自己”，是长江村与小岗村帮扶结对的新认识。

在这个商品经济时代，越来越多的人表现出自私自利的人性弱点，有人甚至为了自己的利益，不惜损害别人的利益。事实上，对一个人来说，如果一切都从私利出发，从不肯伸出手帮助别人，最后就会陷入人生的死胡同。而一个企业如果只顾发展自己，仅仅看到眼前这一点利益，这样的企业也必定不会长久。

这个社会上，所有的链条都是息息相关的，谁也无法单独存在。俗话说“三十年河东，三十年河西”，世事无常，谁都不知道将来会需要谁的帮助，与人方便，自己方便，何乐而不为？

美国埃·哈伯德说：“聪明人都明白这样一个道理，帮助自己的唯一方法就是去帮助别人。”帮助别人解惑，自己获得知识；帮助别人扫雪，自己的道路更宽广；帮助别人，也会得到别人友善的回报。

有人与上帝谈论天堂和地狱的问题。上帝对这个人说："来吧，我让你看看什么是地狱。"他们走进一个房间，房间里有一群人围着一大锅肉汤。每个人看起来都营养不良，既绝望又饥饿。他们每个人都有一把可以够到铁锅的汤匙，但汤匙的柄比他们的手臂还要长，自己没法把汤送进自己嘴里，因此他们看上去非常悲惨。

"来吧，我再让你看看什么是天堂。"上帝把这个人领入另一个房间。这里的一切和上一个房间没什么不同。一锅汤、一群人、一样的长柄汤匙，但大家都在快乐地歌唱。

"我不懂，"这个人说，"为什么一样的待遇与条件，他们快乐，而另一个房间里的人却很悲惨？"

上帝微笑着说："很简单，在这里他们会互相喂食。"

帮别人攀登，自己也能登上去，因为"合作"本身就是一种双重奖励：一方面可使对方获得生活所需求的一切，另一方面可使我们自己得到渴望的物质财富，或者其他的需要。

3.同行不妒，万事都成

一个人赚钱而让其他人赚不到钱甚至赔钱，无疑就像贫富的两极分化一样可怕。试想，利益本来是大家的，现在却由你一个人独享，天下人怎么会不眼红、不怀恨在心呢！当然，已经激起民愤的你，也不可能一路畅通地发展下去。

所以说，避免“单赢”策略引起同行业者的愤恨，才是持续发展的硬道理。如果一个人只对自己的事业感兴趣，没有合作意识，把同行对手全都当作敌人来对待，那么势必引起别人的愤恨，他的利益必然也不会长久。

香港漫画家黄玉郎，曾经红极一时，但是他对竞争者残酷无情，对身边助手和员工也不友好，以致在他炒股失手时，竞争对手和周围的人，纷纷趁机出手打压。最后，公司破产，别墅和轿车等被政府没收，人还被送进监狱。同行都说，这是他过分注重自身利益，不顾他人的结果。

老话讲“同行是冤家”，也许这话有一定道理，但这却绝对不是现代商人所认同的观点。想要长期发展，就不能树敌更不能与人结怨，而避免让竞争对手对自己产生愤恨情绪的最好方法，就是变“单赢”为“双赢”，在竞争中求合作，共创互惠互利的和谐局面。

同行未必是冤家，我们要换个角度来看待竞争对手。面对同一领域的竞争对手，很多商人常常会怒目而视，相互排挤，非要争个你死我活才肯罢休。其实，在同行业之间，双赢能够催人奋进，也可以在互惠互利的基础上达成共赢为大家创造一个良好的空间。

成功商人总是乐于化敌为友，因为他们知道一个人的力量总是有限的，如果能够与同行业的竞争对手合作，他们就能弥补各自的不足，借对手之力，达到双赢的局面。

红顶商人胡雪岩就非常注重同行间的合作，他说："同行不妒，万事都成。"他做丝业生意的时候，同行业就有几家已经相当有规模，胡雪岩却没有倾轧对方，而是设法联络他们。湖州南海丝业的庞云缮在丝业行内相当有威望，生意也做得相当大。胡雪岩为了将自己的丝业做得更大，便寻求与庞云缮进行合作。与人携手，资金充足，规模宏大，联系广泛，从而在丝业市场上形成了气候，胡雪岩也得以在华商中把持蚕丝的国际业务。这就是将对手转化为合作者的典型例子。

当然，与对手的合作是以利益互惠为基础的，胡雪岩做丝业生意得到了庞云缮的帮助，反过来，他也向庞云缮传授了经营药业的经验，后来庞氏在南海开了镇上最大的药店——庞滋德国药店，与设在杭州的胡庆余堂关系密切。实际上，胡雪岩生意的成功很大一部分也得益于与同行的真心合作。

胡雪岩的每行生意都有极好的合作伙伴，而他的每一个合作伙伴，都对他有很高的评价。所以，依靠对手，联合对手的力量非但不会影响到自身的经济效益，更有利于以对方为靠山，发展和壮大自己的力量，保证自己的事业稳步前进。

在某一个时期，市场总份额是固定不变的。在一个行业内，同行之间由于经营内容相同，也就意味着要分享同一市场。对同一市场的分享，也就是利益的分享，因此同行间的竞争也是必然的和不可避免的。于是，为了各自利益，同行间互相忌妒，引发愤恨，以至于互相倾轧，“单赢”成了同行间的常事。在竞争中，或者一方取胜，另一方被迫俯首称臣；或者两败俱伤，第三者得利。这样的情况也似乎是我们大家都认可的市场规律。

但是这样的局面绝对不是最好的。其实除此之外，还有既不触动对方利益又能得利的第三条路可走。胡雪岩正是走了第三条路，他时时顾及到同行的利益，既为别人留余地，也给自己开财路，保持了稳定的经营，达成了双赢的局面。

历史给了我们一个很好的经验：善于联合对手制造双赢的人，总能打开别人难以打开的局面。我们不能否认同行之间存在利益上的竞争，但除此之外，还可能有合作。

如果我们能抓住对方和你的共同利益，就有可能化敌为友，一起合作，在互惠互利的基础上达成共赢。正因为是同行，你们之间也最有可能合作，因为你们存在相同的利益。所以，要尽可能地把对手转化为合作者，互利互惠，共同发展。

“单赢”策略难免引起对方愤恨，所以同行之间，不仅要有竞争，更要有合作。依靠对手的力量，才能将眼光放得更远。与对手共存共进，才能取得最大的利润。化敌为友，事业才能做得更加强大。

在利益一致的基础上达成合作，组成合作团队，则企业双赢的结果将是必然的。有人说如今是一个合作型的社会，各取所需的合作模式可以表现在工作和生活的方方面面，同样也表现在企业经营管理中，而且双赢应该是经营者始终要牢记的最高准则和追求目标。尤其是创业的时候更需要借助别人的力量，这就需要合作。寻找一个好搭档，才能够迸发出无限的能量，才能各得其所。

在合作求双赢的过程中，一定要记住一个原则，就是要使得双方的利益和情感需求都得到满足，并愿意进行下一次合作。假如两个朋友合伙做生意，每一次可以赚1000元钱的利润，假设大家付出的劳动相等，则这个利润应该是五五分成，但是有一方却拿走了600元或者更多。一次、两次也许还会安然无事，但如果次数多了，肯定会引起另一方的不满，并最终导致合作关系的破裂。这显然不是一个双赢的结果。

我们生存在一个合作“双赢”的时代中。几乎所有成功的企业，都是在某种合作的形式下经营。

我们只要浏览一下当天报纸上的新闻，必会看到这样的一个报道：在同一管理机构下合并的工商企业，创造了无比的力量。今天是一群银行合并，明天又是一群铁路公司合并，过几天又是几家钢铁公司联合起来。这一切的联合行动，其目的全是为了运用高度的团结及合作，发展出无比的力量。

双赢，既满足了自己的需要，同时也满足了对方的需要，彼此同时迈上了成功的台阶，最终各得其所，这正是现代“合伙赚钱，谋取双赢”的成功理念。

4.了解对手的核心竞争力

取得合作成功的重要一点就是了解对手的核心竞争力。合作中具有核心竞争力的伙伴，其优点能弥补你的弱点，这确实是伙伴经营关系的实质。联盟要取得成功，一个伙伴的竞争优势就必须弥补另一个伙伴的弱点。以这种方式建立伙伴关系能让你更好地提供产品和服务，让你的产品和服务包含更多的价值，从而超越其他的竞争对手。

首先，研究每一个对手的核心竞争力是什么，然后衡量出核心竞争力的价值和独特之处。要将核心竞争力和只是做得很好的事情区分开来。“你做得很好的事情”可能只是一种活动，若把它从公司的框架中抽出的话，不会对经营有实质性的影响。相反，若是从公司机构中去除某一种活动会引起破坏性的后果，那么这就是公司的核心竞争力。

其次，如果竞争对手有联盟伙伴，同时也要了解对手的伙伴的核心竞争力。了解企业所在行业中别人都在做些什么是很有意义的。

询问你的供应商是发现对方核心竞争力的一个方法。他们可能也是你竞争对手的供应商。通过各种形式调查竞争对手——实地察看他们的营业地点，打电话向他们咨询，或者答复他们的宣传邮件。要一直问自己：“为什么有些人会从他那里买东西呢？”

调查客户，看看他们喜欢竞争对手的哪一点。然后，分析竞争对手哪些方面做得不对，哪些方面做得对。

当你认识到了你的竞争对手哪些方面做得很好，或者比你要好许多，那你就可以确定和哪些对手合作可以获取新技巧、技术或能力，让自己变得更有竞争力。

(1) 预测竞争对手的下一轮行动

这是竞争对手分析中最难也是最有用的一关。具体研究一家公司的战略意图，监测其在市场上的表现，确定其改善公司财务业绩所面临的压力可以获取这家公司下一步行动的线索。

一家公司继续实施当前战略的可能性取决于该公司当前的业绩表现，以及继续实施当前战略的前景。对这两项持满意态度的竞争对手很可能继续实施当前的战略，不过，可能会作一些细微的调整。屡遭挫败的竞争对手由于其业绩表现很差，所以它们会推出新的战略行动（不管是进攻性的还是防御性的）。积极进取的竞争对手有着雄心勃勃的战略意图，有着强大的实力，很可能会追求新兴的市场机会，很可能会充分利用和“盘剥”弱一点的竞争对手。

由于公司的管理者对公司的经营和运作一般是以其对自己行业的假设和其对公司所处形势的看法为基础的，所以要深刻地洞察竞争对手的管理者的战略思想。可以从他们对以下一些问题所发表的公开观点中获得信息：行业的发展趋势，行业取得成功所必须采取的措施；可以从他们对公司形势所持的观点中获得信息；可以从各种对他们现在的所作所为的“小道消息”中获得信息；可以从他们过去的行动和领导风格中获得信息。另一个需要考虑的问题是一个竞争对手是否有做出重大战略变动的灵活度。

如果管理者对公司的竞争对手进行缜密的研究和分析，那么，他们就会冒这样一种风险：竞争对手采取“意外行动”的时候，公司措手不及。

要做到成功地预测竞争对手的下一步行动，管理者必须对竞争对手有一个良好的感觉，对其管理者的思维方式有一个良好的感觉，对其当前的战略选择有一个良好的感觉。对信息的审查工作是很有必要的，也是一项费时的乏味差事，因为信息不仅来源很多而且很零碎。但是，对竞争对手进行很好的侦察从而预测出它们的下一步行动能够使公司的管理者组织有效的反应措施，并有助于确定可能成为合作伙伴的对手。

(2) 了解竞争对手的捷径

①互联网上了解对手

以下是一些在因特网上获取竞争对手商业情报的常用方式和渠道：

◎新闻发布稿。在竞争对手的网站上通常都有丰富的信息，首先值得一读的是其新闻发布稿。一般企业的新闻发布稿内容详尽、丰富，若能接触到原始材料，会有助于你从中收集“可操作性的情报”，从而得出可靠结论。当然你也可以在公共新闻媒体上读到一些报道，但由于报道篇幅有限，有些细节通常无法见诸报端。

◎网上购物中心。某出口企业共有34家竞争对手，它想尽可能了解其中的5家。网上的消费者“购物中心”便是了解对手产品技术规格、产品动态、价格优惠条件的好“场所”。

因特网上载有多数上市公司的大量资料，这是因特网最能发挥其作用的地方。利用搜索引擎或因特网购物中心，借助企业网站你可以轻松获得有关企业的最新数据。

②展览会上研究竞争对手

展览会的独特之处不仅在于外商会来找你，而且你的竞争对手就在过道对面。这是搜集竞争对手第一手材料的绝好机会。要像侦探一样，花时间走遍展会的每个角落。

带个相机和记事本，尽可能多地收集信息。调查竞争对手，对比自己的产品、销售人员、展品、宣传资料、顾客评价和展会前的营销策略及其在实施效果方面的差距。

当然，在展会上要想直接了解竞争对手的价格是不那么容易的，因为任何人对价格都非常敏感。但是，通过他们的客户（也可能是你自己的客户）来了解竞争对手的信息情报是非常有效的策略。如在广交会上，当你与外商讨价还价时，外商惯用的伎俩就是说，某家公司报的价比你低得多，其实这正好是你顺藤摸瓜的时候。

③其他方式搜集更多信息

在出口销售工作中，快、准、全的信息情报是争取商机或订单的最有力保证。你报出任何一个价格时，都在有意或无意地利用自己积累的信息情报来做决策。但是，当今的国际贸易更要求你有意识、有组织地进行情报采集。

在实际业务工作中，可通过信息系统获得二手信息；还可通过与竞争对手、供应商和客户直接交谈，获取第一手情报；另外，通过人际网络，与出口销售人员、研究开发人员直接进行交流等也能采集到很有价值的情报。之后，再对得来的数据和信息进行分析。

在明确了谁是主要竞争者并分析了竞争者的优势、劣势和反应模式之后，企业就可决定自己的对策：进攻谁，回避谁，与谁合作。

(3) 对于比自己强大的竞争对手如何处理

比自己强大的竞争对手，有些可能是享有盛誉、地位稳固的行业领导者，如果将其定为进攻目标，无异于以卵击石，还不如主动与其合作，站在巨人的肩上攀登高峰，就可以避开其他比自己强大的对手的攻击，专心打造自己的竞争优势。青岛啤酒公司就是这样做的。

在选择战略伙伴时，青啤为什么衷情AB公司呢？“我们把最大的竞争对手变成了最大的合作伙伴。”金志国这样诠释这一“妙招”。青岛啤酒要想成为一个国际大公司，必须放眼全球市场，进军国际市场，美国安海斯—布希公司（AB公司）是青岛啤酒的最大竞争对手。是选择另起炉灶、建设自己的销售网络，还是与AB公司合作，利用它成熟的销售网络？青啤选择了“站在巨人肩膀上”发展。青啤有自己的主张：建设自己的市场网络，无论规模、实力和经验都将无法与跨国公司相比，与其与群狼共舞，不如借力打力。青啤把最大的竞争对手变成了最大的合作伙伴，来协助青啤进行市场的开拓。2003年4月，青啤与AB公司签订了合作协议，根据协议，青啤向AB公司定向发行总值约182亿美元的可换股债券，在7年内，AB公司将债券分三批转换为股权，其在青啤的股份将增至27%。通过这一“战略联盟”，青啤不但拿到了急需的资金，同时，也让AB公司的管理、技术、人才等无形资本随有形资本流动过来，满足了青啤在超速发展过程中，对管理、技术和人才等稀缺资源的需求。

(4) 对于与自己实力相当的竞争对手如何处理

有些企业主张进攻与自己实力相当的竞争对手，实际上，这样做的结果很可能对自己不利。例如，美国博士伦眼镜公司在20世纪70年代末与其他生产隐形眼镜的公司的竞争中大获全胜，导致竞争者完全失败而竞相将企业卖给了竞争力更强的大公司，结果使博士伦公司面对更强大的竞争者，处境更困难。

企业可以选择与自己能够优势互补的对手进行合作，共同开拓市场，共同进攻其他强大的竞争对手。

有一家小咨询公司，由于经济不景气，加之行业门槛低，导致粥少僧多，尽管公司的业务能力还可以，眼看也要撑不下去，公司老板也是成天愁眉苦脸。但一个月后，再看这家公司的老板，可谓志得意满，原来该公司与另外两家同样陷于困境的小咨询公司合作，三家公司拧成一股绳，在业务能力、客户资源和资金实力方面都大为增强，大家都活得有滋有味，发展势头令人欣喜。

可见，合作是一条帮助企业变弱为强行之有效的策略。但在联盟的过程中，必须坚持互补和共赢的原则，否则很可能选择一个错误的合作伙伴，或者在合作开始后半途而废，这些都可能给企业造成损害，有时还可能是致命性的。

（5）对于比自己弱小的竞争对手如何处理

强弱只是一个相对的概念，弱小的竞争对手也许只是因为成立时间短，进入市场晚，资金不足等原因暂时弱小，但它可能有技术、人才等优势，这些优势会让它发展强大。攻击弱小对手虽然比较轻松，但获利也小，对自身竞争优势的提高也未必有太大的帮助。因此，企业应该选择那些在某些方面对本企业有帮助的小企业进行合作，这是加强本企业地位的有效途径。

5.对手就是另一角度上的帮手

敌人的存在让我们可以看清楚自己，生活中缺少了的对手，就好比在大海上航行却失去了罗盘。

与势均力敌的对手竞争，一次次的角逐，一次次的成败，都是走向成功的必经之路。当与同学竞争时，你就会自觉地从各个方面严格要求自己，只要一想到对手在认认真真听讲，自己也会立刻回到学习状态中，并在心中暗暗警告自己。因为有了对手，我知道了“以人为镜，可正衣冠”，学会了“取长补短”，明白了对手在自己学习过程中的巨大作用。

梁秉燕和宋淑云都是研究生学历。宋淑云比梁秉燕早毕业两年，也比梁秉燕早到农业局工作；她出身于书香门第，毕业的大学也比梁秉燕的更有名气。梁秉燕在农村长大，也许梁秉燕自知起点不高，加上自幼勤奋好学，工作上比较认真负责，很快得到领导的赏识。工作了三年，梁秉燕就被提拔为副处长，而宋淑云仍是普通职员。宋淑云很不服气，多次找领导提意见，但领导“无动于衷”。

随后，宋淑云总是有意和梁秉燕作对，还经常在领导面前说梁秉燕的坏话。她总认为梁秉燕和领导有什么私人关系。有一年春节后，她问梁秉燕某天下午是不是去给领导送礼了。梁秉燕只是微笑着告诉她自己去看望了导师，但她似乎并不相信。

令人欣慰的是梁秉燕能从另一个角度看待自己与宋淑云的关系，她认为正是因为有宋淑云这样一个时刻监督自己的对手，自己才会在工作中格外注意，才会在担任副处长不到两年时间被破格升为副高级职称，随后被任命为处长。这段时间里，宋淑云仍然是普通职员，两年之后，宋淑云才升为副高。

后来，梁秉燕被调到另一个局任职。宋淑云这才发现有梁秉燕这样一个工作上的伙伴，对自己是多么重要。宋淑云竟然开始对其他的同事说，梁秉燕其实“很不错”，很希望能再和梁秉燕做同事，还说梁秉燕走了她找不到对手了，工作很没劲。当然，梁秉燕也很感谢宋淑云这个对手。是宋淑云的监督让梁秉燕不敢放松、不断进步，取得了骄人的成绩。

感恩我们的对手，因为他给我们带来许许多多的成长，不管是失败还是胜利，我们都应该感恩我们的对手。

当然，也有人害怕对手。木匠讨厌木匠，瓦工贬损瓦工，艺人敌视艺人，歌手忌嫌歌手。但害怕回避不了现实，不管你是无视对手、否认对手，还是侮辱对手、躲避对手，对手都依然存在。而且越是轻视和躲避，对手成长得就越快。

雅典奥运会跳水男子三米板冠军彭勃在赛后接受记者采访时说："我特别感谢两个人，一个是队友王克楠，一个是对手萨乌丁。如果今天没有王克楠到场给我鼓舞，我的金牌就不会拿得这么顺利。我之所以要感谢萨乌丁，是因为没想到他今天发挥得这么出色。他这么大的年龄还那样拼搏，这刺激了我更努力地去比赛。"

很久以前，挪威人从深海里捕捞的沙丁鱼，还没等运回海岸，便都口吐白沫，奄奄一息。渔民们想了很多的办法，但都失败了。然而，有一条渔船，却总能带回活鱼上岸，所以他卖出的价钱也要高出几倍。后来，人们才发现了其中的奥秘。原来，这条船是在沙丁鱼槽里放进了马鲛鱼。马鲛鱼是沙丁鱼的天敌，当鱼槽里同时放有沙丁鱼和马鲛时，马鲛出于天性就会不断地追逐沙丁鱼。在马鲛的追逐下，沙丁鱼拼命游动，激发了内部的活力，从而活了下来。

这就告诉人们一个道理，对手是自己的压力，也是自己的动力。往往对手给自己的压力越大，由此而激发出的动力就越强。对手之间，是一种对立，也是一种统一。相互排斥，又相互依存，相互压制，又相互刺激。尤其在竞技场上，没有了对手，也就没有了活力。

竞争是一种进步的体现，因为竞争使参与者都有了对手，逼着每个人锐意进取，否则就会被淘汰。是对手让你进步，激你冲刺。一个人如果没有对手，就会甘于平庸。一个群体如果没有对手，就会因为在潜移默化中相互依赖而丧失活力和生机。一个行业如果没有对手，就会丧失进取的意志，就会因为安于现状而逐步走向衰亡。

许多不明白这个道理的人，都把对手视为心腹大患，恨不得除之而后快。其实，能与一个强劲的对手合作，反而是一种福分。他让你有了危机感，让你有了竞争力；与对手合作，你便不得不奋发图强，不得不革故鼎新，否则，就只有等着被淘汰。

6.欣赏对手的品质与人格

有位饲养员非常擅长与动物相处，无论它们多么凶猛，他总是有办法让它们服服帖帖，乖巧无比。人们都很羡慕他的本领，又非常好奇他为什么能做到与猛兽和谐共处。一位记者来采访他，他的答案很简单："是因为我发自内心地喜欢它们呀，所以它们也回报我同等的喜爱。"

"难道发自内心的喜爱就能换来与动物的友好相处吗？"记者不相信他的说法："我很喜欢大型犬，但是一靠近它们，它们就会冲我汪汪大叫。"

这位饲养员笑了："你靠近它们的时候想着什么呢？"

记者想了想，回答说："我总是很担心它们会扑上来咬我。"

"这就是问题所在，你根本就不相信自己能和它们友好相处，在接触它们的时候，首先就产生了恐惧和提防的心理，做好了随时反击和逃跑的准备。动物的感觉比人类更敏锐，它们一旦感受到你的恐惧和提防，当然也就不会对你产生接纳之心了，这样你当然没法接近它们啊！"

听了饲养员的话，记者恍然大悟。

饲养员相信动物不会伤害他，因此在面对动物的时候，心中只有对动物的喜爱，没有一丝一毫的敌对情绪。这种友善驯服了猛兽，让它们能够与饲养员友好相处。

尊重对手就是尊重你自己，这样不但能赢得对手的尊重与友谊，还能展示你的度量与胸怀。我们要明白这一点，或许我们在认识、立场、价值取向上各有不同，或许我们对彼此的生活习惯、行为方式看不顺眼，甚至我们就是水火不容的敌人，但是这并不妨碍我们看清楚对手身上的优点和长处，也不影响我们欣赏对手的品质与人格。

球王乔丹在公牛队的时候，有一个叫皮蓬的新人将他视为自己的劲敌，不但和他针锋相对，还时常对他冷嘲热讽，总说自己有实力超越乔丹，乔丹早晚要给自己让路之类的话。

面对皮蓬的敌意，乔丹并没有利用自己的影响力对他排挤打击，反而宽容相待，经常在球技上提点他，鼓励他。

有一次，两人在练习场上相遇，乔丹主动问皮蓬："你觉得我们俩谁的三分球投得好？"皮蓬撇了撇嘴："我知道是你投得好，怎么，你这是要对我炫耀吗？我早晚会超过你的。"

乔丹笑了："虽然我的三分球成功率是比你高一点，但是我认为其实你投得比我好。"

皮蓬很吃惊地看着乔丹。乔丹解释说："我仔细观察过，你投球的动作流畅自然，总能把握最好的时机，这是我不具备的天赋。最重要的是我只习惯用右手投篮，而你左右手都没有问题，以后你一定能超过我。"

皮蓬为乔丹的直率和真诚感动不已，再也不对他冷嘲热讽了。

俗话说“伸手不打笑面人”，当你决定把对方看成朋友，当你用善意回应对方时，相信对方的敌意也会像冰雪那样在阳光下消融。请牢记，消灭敌人最好的办法就是让他成为你的朋友。

“如果你握紧两个拳头来找我，”威尔逊总统说，“对不起，我敢保证我的拳头会握得和你的一样紧。但如果你到我这儿来，说：‘让我们坐下来一起商量，看看为什么我们彼此意见不同。’那么不久我们就会发现，我们的分歧其实并不大，我们的看法同多异少。因此，只要我们有耐心相互沟通，我们就能相互理解。”

7.主动给自己设立一个“假想敌”

人生，就是一个不断确立目标和实现目标的过程，在这一过程中，每一步的前行，都离不开与对手的对决。很多人说：看一个人的身价，要看他的对手。好的对手可以让自己找到自身的不足和差距，可以通过学习弥补自身的欠缺和不足，在不断的摔打和磨砺中完善自己。

姚明说：我们不会选择对手，我们只会见一个打一个，见一个拼一个，打出我们的气势，打出我们国人的精神，全力以赴打好每一场球。我们不选择对手，因为在你选择对手的同时，你已经是别人的对手了。我们不怕对手，因为只有在强大的对手面前，才会激发你的斗志，才会不断地超越自己。

其实在我们身边，也可以很轻松地找出这样的例子。

王新调到了一家公司做部门负责人，但不知为什么，主管并不欣赏他，总在暗处排挤他，一些本应该他参加的活动，总是被不小心地遗漏掉。他很上火，在经过几次沟通收效甚微的情况下，他改变了策略，调整好心态，努力完善自己。在主管拉帮结伙的时候，他钻研业务，调研市场，寻找工作中需要完善的地方，充分掌握行业内的最新动态；主管带领一班人马去吃吃喝喝，他就自己找一个更好的地方独自享受，以排解自己内心的孤寂。主管分配给他的工作，总是别人挑剩下的，他不生气；主管在他不知情的情况下，带着他的下属出差，他不生气；主管在总结工作时，故意弱化他的成绩，他不生气。他以积极的心态，面对挑战，不断进取，不断超越自己。

一年以后，他向总裁提出了一份完善的工作改进计划，得到赏识，总裁重用了他。他成为新的主管，而那位不断给他找麻烦的原主管因过分注重权术而疏于业务，被迫另谋出路。

王新说，本来他刚刚到这个单位，只想做好自己的工作，但那位主管的举动刺激了他，激发了他要做得更好的志气，才使他有了今天的成就，否则他只会满足于做部门负责人的工作。

当你在人生的旅途上披荆斩棘、艰难前行的时候，其实你并不寂寞。同行的除了在你身边陪伴你、保护你的朋友，也有隐藏在暗处，时刻准备给你致命一击的对手……有时候，哪怕你的朋友全部离你而去，你的对手却依旧陪伴在你的身边，用他们的尖牙利爪提醒你，你不是一个人在孤独地奋斗。

百事可乐公司自1898年开始创办，由于经营不善，只能在市场的边缘求得一点点生存空间。斯梯尔上任后，专心致志，聚集所有力量来与雄霸天下的可口可乐竞争。

他先是把目标顾客定位为战后的年轻一代，选用散发青春活力的俊男美女做广告，通过庞大的广告攻势发出“百事可乐：新一代的选择”的口号，宣扬“饮百事可乐，突出你的青春健康形象”。这个广告含沙射影地讽刺拥有百年历史的可口可乐是老古董，配不上美国年轻人四射的活力。

然后，百事可乐又别出心裁地推出不同分量的包装，既可以把一大瓶百事可乐放在家里，全家一起饮用，也可以让年轻人买小瓶的单独享用，而当时的可口可乐始终只有一种分量的包装。

1972年的一天，人们突然在电视广告里看到了这样的画面：百事可乐公司在一些公共场所邀请人们同时饮用可口可乐和百事可乐，在品尝之后，请他们评价两者的味道。结果因为很多人喜欢吃甜食的心理，在没有名牌效应的情况下，大多数人都比较喜欢百事可乐的味道，因为百事可乐比可口可乐略甜。于是那些参与测试者喜欢百事可乐的神情，都被拍摄下来，出现在电视上。斯梯尔采用的这种市场测试法大获成功，最后推广到世界各地的可乐市场上。

试味道这一招对可口可乐高层的震动很大，他们开始检讨在可乐的味道上是否已经不能符合公众的喜好，因此做出了改变旧配方的决定，把可口可乐的甜味提高。

谁知可口可乐这一反应正中了斯梯尔的圈套。在可口可乐改变配方当天，斯梯尔马上宣布给百事可乐员工一天临时假期以示庆祝，并且还在美国各大城市的闹市区免费派发百事可乐，搞得这一天像是百事可乐的大喜日子。不但如此，斯梯尔还乘胜追击，推出一则新广告，在广告片上，先提出一个问题："为什么可口可乐要改变配方？"然后就是一位靓女在喝了一口百事可乐之后，恍然大悟，面露喜色地说："噢，现在我知道了！"

这一下，百事可乐把可口可乐打得狼狈不堪，可口可乐销量暴跌，而百事可乐销量暴升。其实很多可口可乐的支持者几代人都习惯了可口可乐的味道，并不喜欢百事可乐的甜味，因此可口可乐改变了配方后，对他们来说不止是改变了味道，还改变了他们那种怀旧的情结。所以三个月不到，可口可乐公司又不得不改回老配方。

在斯梯尔的领导下，本来奄奄一息的百事可乐公司终于可以和可口可乐分庭抗礼，甚至在市场上压制可口可乐公司。

所以，如果你手里没有一张“对手牌”。那么你该主动给自己设立一个对手了——也就是假想敌。记得要像斯梯尔一样始终把最强大的对手作为假想敌，而不是草木皆兵、处处设立假想敌，就如同品貌不佳的老公总是怀疑美貌太太另有所爱一样。

实际上，假想敌的存在是让你不断学习，自我修炼的，而不是让你踩低别人来抬高自己，更不是叫你每天都担惊受怕。

第六章

整合资源，完成对格局的突破

1.将身边的资源通过合适的人脉关系整合到一起

在街边的报亭中，我们经常看见那种面向女性的时尚杂志，一本后面绑着一管高档的护手霜，或者随一本书赠送的书签背面，印着某培训机构的宣传语和联系方式。这些营销方式里面都潜藏着资源整合的理念。

对于个人来讲更是如此，在你计划做成某事的时候，没有成本、没有经验、没有技术……都不要紧，如果你认识拥有这些资源的朋友，同时又有高屋建瓴的头脑，那么所有问题都会迎刃而解。

小张毕业工作了三年多之后，时常为自己的现状感到苦恼。目前的公司已经没有多大的发展空间，几乎每天都是做着重复性的工作，自己的时间有被“贱卖”的危机，然而，拥有较大的家庭经济压力的他一方面舍不得此处的高薪，另一方面也承担不起换工作或自己创业带来的高风险。无奈的他只能原地踏步。有一次，在他的一个远房亲戚那里，他认识了一个有钱人。这个中年人家里有一定的资产，但是不知道该怎样投资，见过小张几次之后，觉得小张是一个有想法、为人又踏实稳重的人，经常在一起聊天，慢慢地她表示如果小张愿想要自己做一项事业的话，她愿意出一定的资本。小张一开始并没有往心里去，但后来他站在街头，站在经常排着长队、人头攒动的栗子店、薯片店的前面时灵光一闪，发现了商机：他找到了一家最有名的连锁小吃店的老板，表达想要加盟的意愿。

半年之后，小张的小吃店开了起来，他并没有辞掉工作，那位远房亲戚真的为他出资几万元，虽然不多，但是经营一个小成本的买卖绰绰有余了。他雇了几个人，把远在外地的岳父请来帮忙看管，一年下来，也赚了不少钱。也许这并不是一项大事业，距离他的宏图大志还很远，但是通过这个小本创业的经历，他积累了知识和经验，更重要的是，他手里有了更多的积蓄。经济上宽裕了，他安心地跳槽到另一家知名企业，刚开始的时候对方承诺的薪水并不高，但他还是接受了，因为他相信自己的能力，看好这里更加广阔的发展空间。

从此以后，小张的事业越走越宽了。

生活中有很多这样的事例，这就是我们所常常疑惑的，为什么有的家庭，两个人的工资都不高，他们却可以买得起大房子，过上高品质的生活？因为他们从更多的角度看自己的人生，不纠结于一处，利用手里的资源想办法。他们手里有一点钱的时候，就投给朋友开办的小公司，从而获得了更多的收益，他们运用朋友的关系搞一些“副业”，这说明有灵活头脑的人，是不会受穷的。

据说，民国时期的大诗人徐志摩由于很难满足夫人陆小曼的奢侈生活，除了在大学教课等工作之外，还充当掮客，利用自己的人际关系为买房卖房的人牵线搭桥，以贴补家用。可见，此条道路早为人们所熟知，是很多人赚到更多的钱、过上更好生活的方法之一。

这些还只限于在你的人生刚刚起步的阶段，随着你认识的人越来越多，层次越来越高，也许三人五人在谈笑间就构思了一个好的想法，并可以较快地付诸实践。生活就是这样，你个人的力量永远也比不上你与小房产公司老板、有钱的富二代、事业单位工作的高中同学、一个相处友好的邻居的组合，更比不上你与稍有名气的新锐作家、富豪叔叔、教授姑妈、名主持人的组合。有时候，人脉也像是滚雪球一样，从这些朋友身上，你能获得无穷的力量。

资源整合就是一项领导者或潜在的领导者的必备能力。要想成功，不仅要增强自身的实力，还要学会用人，将身边的资源通过合适的人际关系整合到一起，进行优化配置。这才是让自己在人生中更加游刃有余的最佳策略。

2.联合起来，虾米也可以吃掉大鱼

“大鱼吃小鱼，小鱼吃虾米”，这是现实中残酷的竞争法则。不过，我们若是想在社会上站稳脚跟，击败对手，有时候仅靠自己的能量是不行的。

在这种情况下，我们不妨联合周围可以联合的“虾米”，然后一起去吃掉我们想吃掉的“大鱼”，这样做效率往往会更高。

千万不要小觑小力量的集合。当我们看到日本联合超级市场，一个以中心型超级市场共同进货为宗旨而设立的公司，看到它的惊人发展，我们就会有如此感慨。

就在1973年石油危机之前，总公司设于东京新宿区的食品超级市场三德的董事长——堀内宽二大声呼吁：“中小型超级市场跟大规模的超级市场对抗，要生存下去的唯一途径就是团结。”可是，当时响应的只有10家，总营业额也不过只有数十亿日元而已。但是，现在的日本联合超级市场的加盟企业，从北海道到冲绳县共有255家，店铺数达到3000家，总销售额高达4716亿日元，遥遥领先大隈、伊藤贺译堂、西友、杰士果等大规模的超级市场。而且，日本联合超级市场的业绩，竟然是号称巨无霸的大隈超市的两倍。尤其八十年代以来，日本联合超级市场的发展更为迅速。1982年2月底，联合超级市场集团的联盟企业有145家，加盟店的总数有1676家，总销售额2750亿日元。但是，从第二年起，加盟的企业总数就增加为178家，继而187家、200家、253家持续地膨胀，同时加盟店的总数也由1944家增加为3000家……

原来是一个微不足道的超级市场经营者——堀内宽二，凭借着中小型超级市场不团结就无法生存的信念，草创成立的联合超级市场，发展到今天，拥有了他本人也不会料想到的庞大规模。目前，日本全国都可以看到联合超级市场的绿色广告招牌。

中国有句俗语："众人拾柴火焰高。"意思是说，通过联合的力量，以实现个人力量所不能实现的目标。很多小企业、小公司，在激烈的竞争中，被冲撞得东倒西歪，飘飘摇摇，虽然也有顽强的生命力，但终难形成气候。

小企业、小公司，要在竞争中站稳脚跟，就得联合统一战线，共同出击，以群蚁啃象之势，去迎接各种挑战。

东北有家非金属矿业总公司——辽河硅灰石矿业公司，前身为辽河铜矿，因长年亏损，1983年改换门庭，从事非金属矿的开发与经营，所开采的优质硅灰石全部销往日本、韩国，公司效益也真正红火了几年。

据称，日本商人将石头买上船，在回日本的航程中就加工成立德粉、钛白粉，中途返航，再运往上海、天津等地。

辽河硅灰石矿业公司于1990年从日本引进加工生产线，掌握了生产立德粉、钛白粉的技术，并从1992年起，开始生产建筑涂料。从1993年开始，所产硅灰石滞销，生产的涂料市场滑坡，公司严重亏损。1997年，辽河公司宣布破产，原来的各分厂，全部被私营单位买断。

1999年，日商再次光顾辽河公司，与私营小公司老板商榷购买200万吨硅灰石粉的合同。可是，各自为政的小公司并没有这个魄力，也不可能在一年半的时间内完成合同任务。

眼睁睁看着煮熟的鸭子就要飞了，就在日商即将离开之际，辽河其中一家公司的经理郝为本横下心，与日商签了合同。

郝心里清楚，如果不能按期交货，日商的索赔，会让他倾家荡产，弄不好还得蹲大牢。但到口的肥肉，总不能不吃。

郝为本拿着合同，请其他几家小公司的经理聚到一起，认真研究，联合起来吃这条大鱼。经过任务分配，平均利益，几家公司立刻行动起来。

九家公司经过有力的联合，在一年半内，按时完成了任务。

上述事例正印证了虾米联合起来吞掉大鱼的事实。因此，在现实生活中，当你觉得仅凭一人之力难以应付客户时，完全可以采取这种办法，把可以借力的伙伴联合起来，就像一根筷子容易断，一捆筷子就不易断，这种小力量的集合会给你带来更多收获。

我们都很清楚，借人之力是获取成功的捷径之一。但是在这条捷径上人们往往习惯于将目光聚焦到那些有权势、有财富的名人和富豪身上，认为只有这些人才是自己人生路上的贵人，才能给自己的成功添砖加瓦。

可是，大人物们总是高高在上的，有时候，不用说去求人家，连接触到人家都很难。遇到这样的情况我们该怎么办？坐以待毙，还是就靠自己的蛮干？

不用发愁，你不妨将目光投到某些小人物身上。

要知道“大小”并不是绝对的，二者是可以转换的。对待“小人物”，你没有必要一味地趾高气扬，应该懂得变通，没有大人物可以选择的时候，能向小人物借力也是不错的选择。在历史上“鸡鸣狗盗”之辈，曾经帮孟尝君逃脱大难，不就是很好的证明吗？

小人物就像小螺丝钉，用得得当，就能推动大机器的运转。不要小看“小人物”，有的时候，“小人物”却有“大用处”。

戴笠当军统头子时，逢年过节，都要派人出去送礼。这礼并非是送给达官显贵的，而是总统府里听差、门房、女仆或是文书。他们虽然地位卑微，绝不可能参与军国大事，但是他们毕竟天天都在蒋介石身边。

首先，这些人的职业就是伺候蒋介石。蒋介石的行为、情绪的变化，都瞒不过这些人的眼睛。

然而对戴笠而言，这些信息作用还不是最重要的。在官场，公文积压都是常事，有的只要搁上十天半个月，有的一搁就是一年半载，即使批下来，也是另一种结局了。军统上报的公文，耽搁在蒋介石那里，戴笠是不敢催办的。可是清洁女工有这样的便利，她清扫蒋介石的办公室时，只要顺手在文件堆里把军统的公文翻出，放在上面就万事大吉了。戴笠的部下再有能耐，也不敢随意进蒋介石的办公室，这件事非清洁女工莫属。

因此，在人际交往中，要灵活变通，千万不要只逢迎那些所谓的达官贵人，而要懂得和小人物建立关系，而且，更不可得罪“小人物”，尤其是那些大人物身边的“小人物”，虽小却能亲近大人物，只要能巧妙地借助他们的力量，同样可以助你办成大事。

3.有意识地积累各行各业的朋友

现代社会中，拥有良好的社会关系就等于拥有比别人多的机会。因此在创业之前或创业过程中都要有意识地积累各行各业的朋友。

就职于纽约市一家大银行的查尔斯·华特尔奉命写一篇有关某公司的机密报告。他知道某一个人拥有他非常需要的资料。于是，华特尔先生去见那个人，他是一家大工业公司的董事长。当华特尔先生被迎进董事长的办公室时，一个年轻的妇人从门边探头出来，告诉董事长，她这天没有什么邮票可给他。“我在为我那十二岁的儿子搜集邮票。”董事长对华特尔解释。华特尔先生说明了他的来意然后提出问题。董事长根本不想把心里话说出来，无论怎样试探都没有效果，这次见面时间很短也没有收到实际效果。

华特尔先生讲：“坦白说，我当时不知道怎么办。”“接着，我想起他的秘书对他说的话——邮票，十二岁的儿子……我也想起我们银行的国外部门搜集邮票的事，他们从来自世界各地的信件上取下邮票。”第二天早上，华特尔再去找他，传话进去说有一些邮票要送给他的孩子。他满脸带着笑意，客气得很。“我的乔治将会喜欢这些。”他一面不停地说，一面抚弄着那些邮票。“瞧这张！这是一张无价之宝。”他们花了一个小时谈论邮票，瞧瞧他儿子的照片，然后他又花了一个多小时，把华特尔想知道的资料全都告诉他，然后叫他的下属进来，问他们一些问题。他还打电话给他的一些同行，把一些事实、数字、报告和信件全部告诉了华特尔。

事情往往就是这样：无法与关键人物搭上关系时，事情往往很难取得进展，可一旦与关键人物建立联系，事情就好办了。

很多活动为人们提供了“让你结识他人，也让他人认识你”的可能，当彼此间的品行、才干、信息得以了解的时候，活动就可能结出两个甜美的果实：密切彼此的友谊和获得发展的机遇。从一定意义上讲，关系活动是机遇的介绍人。因此，开发人际关系资源对人们捕捉机遇、走向成功具有重要意义。

吕春穆起先是北京一所小学的美术教师，在杂志上看到有人利用收集到的火柴商标引发学生们的学习兴趣和创作灵感的报道后决定收集火花。他为此展开了广泛的交际活动：他首先油印了200多封言词中肯、情真意切的短信发到各地火柴厂家，不久就收到六七十个火柴厂的回信，并有了几百枚各式各样精美的火花。此后，他主动走出去以“花”会友。1980年结识了在新华社工作的一位“花友”，一次就送给他20多套火花，还给他提供信息，建议他向江苏常州一花友索购花友们自编的《火花爱好者通讯录》，由此他欣喜地结识了国内100多位未曾谋面的花友。他与各地花友交换藏品，互通有无；他利用寒暑假，遍访各地藏花已久的花友，还通过各种途径与海外的集花爱好者建立联系。就这样在广泛交往中他得到了无穷无尽的乐趣和享受，也为他的成名创造了机会：他先后在报刊上发表了几十篇有关火花知识的文章，还成为北京晚报“谐趣园”的撰稿人。他的火花藏品得到了国际火花收藏界的承认，并跻身于国际性的火花收藏组织的行列。1991年他的几百枚火花精品参加了在广州举办的“中华百绝博览会”……他以14年的收藏历史和20万枚的火花藏品被誉为“火花大王”而名甲京城。很显然，吕春穆的成功得益于交际。他以“花”为媒，结识朋友，通过朋友再认识朋友，一直把关系建立到全球，从而使机会一次次降临，由此很自然地迈向了成功。

大量事实证明，机遇与交际能力和交际活动范围成正比。因此，社交专家提醒，我们应把开展交际与捕捉机遇联系起来，充分发挥自己的交际能力，不断扩大交际，只有这样，才会发现和抓住难得的发展机遇。

我们总结出打造良好关系的基本方法与原则如下：

(1) 不轻易树敌

素昧平生或者关系浅淡的人并没有义务在你需要的时候帮助你。假如有求于对方，就要用婉转的易于接受的方式提出。首先寒暄，聊大家都关心的事情，最后在不经意间表达你的请求。无论谁，即使地位再高，也会在交往的过程中把对方视作朋友，如此做事才可能会顺利。此外，还要有“见人说人话，见鬼说鬼话”的本事，不能永远都用同一种方式说话。应对不同的人，要有不同的方式。否则稍不注意，就很容易得罪人。有了这样的意识，遇到人就会自动将他们分类，形成自己的一套待人处世逻辑。现在我们可能会遇到来自世界各地的不同背景的人，环境变化也很快，因此要有很强的应变能力。

在交往过程中碰到的各种类型的人，其中可能有你喜欢的人，也有你不喜欢的人。对于你喜欢的人，交往亲近起来非常容易，团结这些人并不难。问题的关键是，如何同你不喜欢的人建立良好的人际关系呢？

首先尽量找出他们身上的优点，并用包容的心态对待他的缺点，如果能做到这些，或许就能与你不喜欢的人结为朋友。但也有可能你无论如何也找不出他的优点，或根本无法包容他的缺点。对待这种实在无法交往的人，你就要做到喜怒不形于色，做到不当面指责或指出他的毛病，避免和他争吵或发生任何正面冲突。这样就不至于使他们成为你的敌人，因为一旦成为你的敌人，他们就会给你带来很多不必要的麻烦。

(2) 与社会名流和关键人物建立关系

社会名流是在社会上有影响的人，与他们建立良好的个人关系无异于为我们的成功插上了翅膀。但这些名流往往都有他们固定的交际圈，一般人很难进入到他们的关系网里。我们可以从如下几个方面入手和他们交往：

◎在与名流交往之前多了解有关名流的资讯，托人引荐，多参加社会公益活动，多出入名流常常出入的场所，这样，你就会有机会结交到这些社会名流了。

◎在结交这些社会名流时还要注意给对方留下一个好的印象，千万不要死缠着别人不放，这样做只能得到相反的结果。

◎通过一次交往建立良好的关系是很难的，所以，应多制造交往的机会，多次接触才能建立较为牢固的关系。

(3) 结交成功者和事业伙伴

“近朱者赤，近墨者黑”讲的就是这个道理。之所以要结交成功人士，就是这些成功的人比我们优秀，我们可以从他们身上学到很多有益的东西，他们的优秀品质时时刻刻都能使我们的缺点暴露出来，他们可以成为我们很好的学习榜样，他们成功的事例能不断地激励我们，如果我们和这些成功者关系非常好的话，这些人还会伸出友谊之手在关键时刻教我们一招或者拉我们一把，总之，和这些人交往有利无弊。相反，和那些失败者交往或者和不如我们的人交往非但学不到任何东西，还有可能让我们走上迷途，陷入失败的境地。与优秀的人和成功者交朋友是储备关系的重要原则。

想成为什么样的人就跟什么样的人在一起，要成功，就要多跟成功人士在一起。通过他们，你可以结识更多这样的人。所谓物以类聚，等你身边都是这样的人时，关系自然也就拓展开了。假如想在事业上有所突破，某种程度上就得牺牲一些个人空间，多跟事业伙伴接触，只有这样，才会有更多成功的机会。

(4) 礼多人不怪

掌握礼节也是建立良好朋友关系必须掌握的原则。和有身份的人交往可能很容易就能做到这一点，因为对方的权势、地位、实力足以使你为之敬畏，不由得你不注重礼节。但很多人在交往时却往往容易步入这样一个误区，即熟不拘礼。他们认为和朋友讲礼节论客套好像会伤害朋友的感情。其实这种认识是非常错误的，他们并没有意识到，朋友关系也是一种人际关系，而任何人际关系之所以能够存续下去都是因为相互尊重，容不得半点的强求。

礼节和客套虽然繁琐，但却是相互尊重的一种重要形式。

离开了这种形式，朋友之间的关系也就难以存续。因为每个人都希望拥有自己的一片天地，而不讲礼节客套就可能侵入到朋友的禁区，干扰到朋友的正常生活，这种情况出现得多了自然会伤害到朋友的感情，再好的关系也会因此而终结。

4.集思广益，威力无比

有句话说得好："只有聆听别人意见的人，才能集大成。"无论是多么优秀的人，只靠自己的力量是有限的。尤其在当今这个竞争激烈的社会里，凝集多数人的智慧，往往是制胜的关键。就算你是一个"天才"，凭借自己的想象力，也许可以获得一定的财富。但如果你懂得让自己的想象力与他人的想象力结合，就定然会取得更大的成就。

每一个人的构想与思维都是不一样的，所以说，人越多，就越容易想出好的办法。这正应了"三个臭皮匠，顶个诸葛亮"这句话。集众人的意见，很有可能产生意想不到的效果。

日本东京有一个地下两层的饮食商业街，整个广场都显得死气沉沉。一天，商业街董事长说：如果有一条人工河就好了！来往的人群不但能听到脚底下潺潺的流水声，而且广场上还有人工瀑布。这确实是很适合“水都街区”的创意。

大家对董事长的构想很心服，于是有人访问他。他回答说，挖人工河的构想并不是一开始就有，而是几个年轻设计师一起讨论时，有一个突然说：“让河水从这里流过如何？”“不，如果有河流的话，冬天会冷得受不了。”

“不，这个构想很有趣。以前没有人这么做过，说不定我们可以出奇制胜。”

于是，虽然一开始有反对和赞成两种意见，但最后还是一致通过了这个构想。

就像这样，集思广益其实是很强有力的武器。

由此可见，一个好的创意的产生与实施，企业家光靠自身的力量和努力是不够的，必须集思广益，必须在自己周围聚拢起一批专家，让他们各显其能，各尽其才，充分发挥他们的创造性作用。

一个人若想取得成功，就要达到集思广益的最高境界，综合所有的智慧成精华。要善于倾听大家不同的意见与看法。这就好比吃饭，一个善于集思广益的人就是一个不挑食的人，他的营养会比较均衡，身体会非常健康；而偏听偏信、一意孤行、只认可相同意见就好比是严重偏食，这样的人他的营养摄入就很不均衡，身体自然就会出现种种病理反应，甚至整个人完全垮掉。

在工作中，我们不难发现，集思广益的合作威力无比。

一个人有无智慧，往往体现在做事的方法上。山外有山，人外有人。借用别人的智慧，助己成功，是必不可少的成事之道。

你应该明白，不嫉妒别人的长处，善于发现别人的长处，并能够加以利用，协调别人为自己做事，与合作人之间建立良好的信誉，是成大事的基本法则。

如果你觉得有必要培养某种自己欠缺的才能，不妨主动去找具备这种特长的人，请他参与相关团体。三国中的刘备，文才不如诸葛亮，武功不如关羽、张飞、赵云，但他有一种别人不及的优点，那就是一种巨大的协调能力，他能够吸引这些优秀的人才为他所用。多一样才华，就好比锦上添花；而且通过这种渠道结识的人，也将成为你的伙伴、同业、同事、专业顾问，甚至变成朋友。能集合众人才智的公司，才有茁壮成长、迈向成功之路的可能。

能够发现自己和别人的才能，并能灵活运用的人，就等于找到了成功的力量。聪明的人善于从别人身上吸取智慧的营养补充自己。从别人那里借用智慧，比从别人那里获得金钱更为划算。读过《圣经》的人都知道，摩西算是世界上最早的教导者之一。他懂得一个道理：一个人只要得到其他人的帮助，就可以做成更多的事情。

当摩西带领以色列人民前往上帝许诺给他们的领地时，他的岳父杰塞罗发现摩西的工作实在过多，如果他一直这样下去的话，人们很快就会吃苦头了。于是杰塞罗想法帮助摩西解决了问题。他告诉摩西将这群人分成几组，每组1000人，然后再将每组分成10个小组，每组100人，再将100人分成2组，每组各50人。最后，再将50人分成5组，每组各10人。然后，杰塞罗又教导摩西，要他让每一组选出一位首领，而且这位首领必须负责解决本组成员所遇到的任何问题。摩西接受了建议，并吩咐那些负责1000人的首领，让他们去分别找到胜任的伙伴。

用心去倾听每个人对你的计划的看法，是一种美德，它是一种虚怀若谷的表现。他们的意见，你不见得各个都赞同，但有些看法和心得，一定是你不曾想过、考虑过的。广纳意见，将有助于你迈向成功之路。

万一你碰上向你浇冷水的人，就算你不打算与他们再有牵扯，还是不妨想想他们不赞同你的原因是否很有道理？他们是否看见了你看不见的盲点？他们的理由和观点是否与你相同？他们是不是以偏见审视你的计划？问他们深入一点的问题，请他们解释反对你的原因，请他们给你一点建议，并中肯地接受。

另外，还有一种人，他们无论对谁的计划都会大肆批评，认为天下所有人的智商都不及他们。其实他们根本不了解你想做什么，只是一味认为你的计划一文不值，注定失败，连试都不用试。这种人为了夸大自己的能力，不惜把别人打入地狱。

要是碰上这种人，别再浪费你宝贵的时间和精力，苦苦向他们解释你的理想一定办得到。你还是去寻找能够与你分担梦想的人吧。

一位植物学教授打过一个比方："许多自然现象显示：全体大于部分的总和。不同植物生长在一起，根部会相互缠绕，土质会因此改善，植物比单独生长更为茂盛；两块砖头所能承受的力量大于单独承受力的总和。"

这些原理也同样适用于人，但也会有例外。只有当人人都敞开胸怀，以接纳的心态尊重差异时，才能众志成城。这时与人合作才能达到集思广益的最高境界。

5.人尽其才，企业才会形成最大的合力

个人英雄主义的时代已经终结，家族企业靠一个教父式人物打天下的时代已经渐行渐远，而建设企业团队，发挥团队的力量，已经成为企业界的主流认识。任何一个企业，要想发展壮大，都不可能靠一个人的力量，而必须要靠组织的力量、团队的力量，高效而有执行力的团队组织是未来企业参与市场竞

争的重要筹码。

现今是一个追求个人价值的时代，更是一个追求个人价值实现与团队绩效双赢的时代，只有当一个团队拥有很高的战斗力时，其中的个人才能不断得到锻炼和提升。这正如一盘散沙变成一串珍珠的过程，而其中不可或缺的核心就是“团队精神”。在今天的企业界，靠个人单打独斗已经很难赢得市场的决胜权，只有通过团队的力量才能提升企业整体的竞争力。

作为企业的一分子，一名优秀的员工能自觉地找到自己在团队中的位置，能自觉地服从团体运作的需要，能把团体的成功看做发挥个人才能的目标。他不是一个自以为是、好出风头的孤胆英雄，而是一个充满合作激情，能够克制自我、与同事共创辉煌的人，因为他明白离开了团队，他将一事无成，而有了团队合作，他可以与别人一同创造奇迹。

蒋志国是一家营销公司的优秀营销员。他所在部门的团队协作精神十分出众，每一个人的成绩都特别突出。

后来，这种和谐而又融洽的合作氛围被蒋志国破坏了。

前一段时间，公司的高层把一项重要的项目安排给蒋志国所在的部门，蒋志国的主管反复斟酌考虑，犹豫不决，最终没有拿出一个可行的工作方案。而蒋志国则认为自己对这个项目有十分周详而又容易操作的方案。为了表现自己，他没有与主管磋商，更没有向他提出自己的方案，而是越过他，直接向总经理说明自己愿意承担这项任务，并向他提交了可行性方案。

他的这种做法严重地伤害了部门经理的感情，破坏了团队精神。结果，当总经理安排他与部门经理共同操作这个项目时，两个人在工作上不能达成一致意见，产生了重大的分歧，导致团队内部出现分裂。团队精神涣散了，项目最终也在他们手中流产了。

一个团队伟大并不是因为某个成员伟大，而是他们作为一个集体表现出的合力伟大。正如海尔集团的张瑞敏所说：就单个员工而言，海尔员工并不比其他企业员工优秀，但能力互补、具有良好团队合作精神的“海尔团队”的确是无坚不摧的。

秋去春归的大雁在飞行时总是结队为伴，队形一会儿呈“一”字，一会呈“人”字，一会又呈“V”字，它们为什么要编队飞行呢？

原来，编队飞行能产生一种空气动力学的节能效应。一群由25只雁编成“V”字队形飞行的大雁团队，要比具有同样能量但单独飞行的大雁多飞70%的路程。也就是说，编队飞行的大雁能飞得更远。

当大雁向下扑翅膀时，在它的翼尖附近就产生了一种上升流，每一只在编队中飞行的大雁都能利用到邻近它的另一只大雁所产生的这股上升流，因此大雁只需消耗较少的能量就能飞翔。大雁的这种行为并不是出于它们对这种上升流的理解，而是感觉到这样飞行时不太费力，只需要调整它们的飞行姿势就行了。

以水平线形飞行的雁也可获得这种邻近升力，但以这种方式飞行时，中间的那只雁要比排列在任何一侧飞行的雁获得更大的上升助力。而在“V”字形编队中，这种升力的分布相当均匀，虽然领头的雁所受到的空气摩擦力要比后面的那些雁大，但这一点由排在两侧飞行的雁所产生的上升流弥补。那么排在“V”字形队末飞行的雁只能从一侧获得这种上升流，它消耗的能量是否多些？并不是这样，因为其他的雁都在它的前面飞行，所以这种来自一侧的上升流是相当强的，而且雁的这种“V”字形编队不需要绝对的对称也能具有这种升力特性，即排列在一侧的雁可以比另一侧多一些。

在现代社会，团队的力量远远大于一个个单独的优秀人才的力量。在当今世界，任何具有重大意义的科学研究、理论探索、技术工程等，都不可能凭借个人单枪匹马的奋斗完成。

彭翼捷，一个1978年出生的姑娘，现任阿里巴巴B2B中国事业部副总裁。2000年，彭翼捷从西安交大外语系毕业后，就来到阿里巴巴工作。仅仅用了七年时间，她从一名普通的销售人员做到了副总裁的位置。现在，彭翼捷管理着阿里巴巴的中国网站，以及诚信通高达上十亿元的销售额。2007年4月25日，《互联网周刊》发起的“长三角地区互联网经济发展高峰论坛”

在杭州召开。彭翼捷，这个当时不到30岁的小姑娘已经成为阿里巴巴集团举足轻重的人物，代表公司在那次论坛上发表了长三角电子商务产业群合作发展的主题演讲。

其实，像彭翼捷这种“坐着火箭上升”的职业生涯成长奇迹在阿里巴巴很常见，而且马云的团队内也有很多不可思议的成长奇迹。

在阿里巴巴，员工一旦被“伯乐”（通常是人力资源部门）发现并确定为“猎犬”，而且是一只能够深入理解公司文化并且愿意与公司一同长期发展的“猎犬”，往往会得到公司大力培养和重用。阿里巴巴会给“猎犬”或“准猎犬”们提供各种培训机会，给予他们在不同业务部门轮岗的机会，使他们能够在比较短的时间里接触不同的业务，锻炼各个方面的能力。

我们都知道，马云的第一份职业是杭州电子工业学院的英语老师，所以在打造自己公司的管理架构时，他习惯性地先想到了大学的架构，“大学里除了科室主任、系主任、院长这条管理线，还有助教、讲师、教授这条业务线，公司也可以按照这个办法来打造嘛。”

于是，按照马云最初的这种构想，就诞生了阿里巴巴公司的两条泾渭分明的“升职路线图”，也是员工职业生涯规划的路线图。

一条线是管理线，即沿着“官路”走。沿着金字塔的路线向上依次是Head、Manager、Director、VP、Senior VP、CEO。

另外一条线是“学术线”，追求“技术立身”或者“业务立身”。走这条路线的人，阿里巴巴鼓励他们搞学术、研发和创新。

通常，新员工来到阿里巴巴之后，经过第一阶段试用期转正以后就变成了“勇士”；然后，经过3～6个月，跳过3级，升为“骑士”、“侠客”；侠客以后是“Hero”。当然，要达到Hero的级别很难，Hero里面又分A、B、C三级；然后到Master（大师）；大师之后才是Chief，共分5档，每档又分3级，一共15级。这条“学术线”不可谓不漫长、复杂，熬到大师级的人应该是进入一个非凡的境界了。

应该说，为员工的职业生涯定了这样两条泾渭分明的路线，马云是用心良苦的。他经常说一句话：“什么是优秀的团队，不让任何一个队员掉队就是最优秀的团队。”而这样两条路线无疑给所有阿里人都提供了一个公平竞争的平台。比如，技术人员可能永远不会管人，但“Master”可以成为他前进的方向和努力的目标；而有些人技术水平是“0段”，管理水平却可能是相当高的“9段”。

实际上，即使是当初和马云一起创业的“十八罗汉”，今天也只有少数几个人出现在阿里巴巴“CXO”的名单上。除了有“避嫌”的考虑之外，更重要的是有些人的确不适合在管理岗位上，但他们在向着公司的业务线方向发展，成为另一种举足轻重的人物。

而且，马云对优秀的技术和业务人员也是赞赏有加的，“不要以为CEO很了不起，也许CEO只是个Hero，但是某个业务骨干已经是Master了。马云也许在阿里巴巴很重要，但是这个Master，他在中国互联网，甚至亚洲、世界互联网界，说话都有分量，比马云说话有分量得多。”的确，比如雅虎搜索引擎的发明人、现为阿里巴巴CTO的吴炯，比如在GE（美国通用电气公司）工作了16年之后加入阿里巴巴的关明生，比如曾任雅虎中国总裁的曾教授（曾鸣），他们在各自的技术、管理、学术领域，都要比马云优秀得多。

马云说，阿里巴巴永远可以容纳各种古里古怪的人，“有些人能干活不能管人，有些人能管人不能干活”。

学业上优秀的人才一定要做官吗？能做官的人一定要学业优秀吗？大方面说，这关系到人力资源的优化组合与配置问题；往小处说，这也是一个人生选择的关键问题。而马云这种让“官迷”和“学迷”都能看到希望的开放性用人政策，无疑给今天创业团队的领导者们树立了一个典范。

杀猪的屠夫，干不了密密麻麻的针线活；能让宇宙飞船升天的科学家，也干不了杀猪的行当。人都有自己的长处和局限性，让每个人站在自己最擅长的位置上，企业才会形成最大的合力。

一滴水是微不足道的，整个大海却是无限的。一个人的力量是有限的，集体的力量却是巨大的。真正的成功来自和谐团队，只有企业中的整个员工队伍紧密团结起来，才会产生巨大的力量和智慧，最终走向胜利并获得幸福的人生。

6.尊重每一个与你业务有关的人

在这个社会里，要想工作顺利，飞黄腾达，一个人必须广交圈内人士。在你为了业务奔波忙碌时，必然会遇见许多与你业务有关的人。这些人，你只知道他的姓名，甚至连姓名都不知道，你跟他见面时，也不过说两三句有关业务的话，甚至于有时你只是跟他点一点头。

例如，你经常到某大厦去接洽事务，经常遇见那个大厦的电梯司机，或是你到货仓去提货，经常遇见那个货仓的守门人，或是你经常到某银行存款，经常遇见那个柜台后面的出纳员等诸如此类人员，你不知他姓甚名谁、何方人氏，但他们或多或少地都与你的业务有点关系。你怎样对待这些人呢？你用什么态度和他们招呼？这是一个很微妙的也是一个很实际的问题。

你是把他们当作一个机器配件，根本不把他们当作跟你一样的人呢，还是神气活现作威作福，大摆你的架子呢？又或者是对他们谦恭有礼，和蔼亲切，把他们当作你的朋友呢？

有许多人为了谋生出来工作，待遇很少，工作既辛苦又单调、繁重，平常受累受气，心烦意乱，如果你对他们神气活现，或是不理不睬，他们对你也不会有什么好感，办起事来，也只顾他们自己的方便，不顾你的方便。换句话说，如果你的态度不好，那么就会到处碰到不方便。但是如果你把他们也当作朋友看待，对他们有适当的尊敬与关怀，他们即使不知你的姓名，但一看见你的面容，听到你的声调就已经有了好感，这时，他们就像吸进一股清风，精神为之一振。既然他们对你印象很好，那么，他们就好像出于本能一样，除了自己的方便之外，也会兼顾到你的方便。电梯司机会多等你几秒钟，货仓的守门人会替你找搬运工友。银行、保险公司、邮局、物业公司……的职员们，都会在你需要的时候，给你或大或小的方便。

事实上，如果你能够结交较多业务上的朋友，有许多业务可以很迅速地顺利办妥，不但省掉许多手续上的麻烦，并可以避免许多不必要的损失。对于这些业务上的朋友，除了我们对他们保持很有礼貌、很亲切的态度之外，我们还应该在业务上尽量帮助他们。那就是说，我们也要尽量给别人方便。业务上总是有来有往的，别人既然给我们许多方便，我们也应该给别人许多方便，办起事情来不让别人久等，不让别人吃亏。大家都在互助互利的友谊气氛中，把事情办妥。

对于关系比较密切的业务上的朋友，我们除了业务上的接触之外，还要安排一些私人间的接触机会，使双方在业余时间可以轻松随便地说笑，说不定在说笑之间又可以解决许多业务上的问题。但这些业务上的朋友，毕竟跟我们的私人朋友有点不同。固然有许多在业务上认识的朋友到后来发展成我们的知交，但社会复杂，有许多业务上的朋友，我们只应跟他们在业务上保持联系，除了业务不涉及其他。至于有些人借口业务上的联系，就跑到歌楼舞榭、烟窟赌场里鬼混，那更是我们应该绝对避免的。

下面我们就为大家来介绍一下，究竟有哪些不同领域的人，我们结交起来，会让我们的生活更舒服。

医生

你一定要结识几个专家级别而且有着丰富临床经验的医生，因为他们给你的意见和建议可是关乎着你生命健康的。人在生病时候的第一选择就是会听医生的话，吃药、打针、住院等都离不开医生的建议。若是小病倒也无关紧要，但是万一有一天你不得不开刀做手术呢？此时，没有一个值得信赖的医生，真不敢想象那种拿自己的生命去“赌博”的感觉！

所以，医生应成为你的“一号朋友”“健身教练”，为了防患于未然，最好去认识几位医生朋友，这样就不会让人觉得你是在拿自己的生命“开玩笑了”。

旅行社

对于经常要出差的人来说，有一个旅行社的朋友，那么会帮你节省不少时间和金钱。试想一下，对于同一架飞机上的旅客而言，一百名旅客中可能会有很多种不同价格的机票。有的人可能花了一千多元买的，而你可能几百元就能搞定。为什么？因为你的那位旅行社的朋友能够为你提供最为便捷的机型和便宜的价格，让你时刻都高枕无忧。

人才市场，猎头公司

当你还在为一份工作而愁眉不展时，你身边的人早已进入了新的工作角色中去了。因为他们凭借着和人才市场、猎头公司良好的关系，已经把各个职位都摸透了。所以，即使你现在的工作非常稳定，也不妨多结交一些这方面的朋友，在口渴之前先掘井永远是最正确的选择。

银行

如今是经济型社会，而银行的重要性在我们的日常生活中也越来越体现出来。我们每个人的工资预算、养老保险、投资理财的结算等都离不开银行这个操作部门，尤其是当你着急去办理某项理财项目，却被门口堆积的人群给拦住，在排号面前看着前方数十位的号码一筹莫展时，有个银行理财师朋友，可就方便多了。

当地公务人员、警察

几乎每一件事：填平路上的坑洞，运走垃圾，修理人行道，修剪树木，减低税赋，改变城市划分，子女入学，规范社区商业行为，监管空气、水以及噪音品质，你新买的车子被偷了，你家被小偷光顾……你都需要当地公务人员、警察。

保险、金融专家

如今保险行业深入到各个家庭中，很多人对保险人有一些片面的认识，总觉得上门推销的人都十分令人生厌。可是，难道你真要等到出了什么事，才知道投保的重要性吗？其实交一个保险、金融方面的朋友，可以帮助你更好地认识保险，而且还能避免乱投保的发生。

律师

在国外，几乎每个家庭都有一到两个监护律师。毕竟你要明白，在这个社会上生存，难免会遇到一些纠纷，如果不想让他人无端占去你的利益，那么你朋友关系中的知名律师，将让你的麻烦事少很多。

维修人员

一位优秀又诚实的维修人员是很重要的。你的汽车坏了，你家的下水道堵了，你家的锁打不开了……事态紧急，你最好知道谁可以在最短的时间内用最快的速度，以最低的费用帮你处理。一位不好而且不诚实的修理工将使你损失惨重。

媒体联络人

假使你是一位有名的商务人士，你有绯闻缠身，或有新产品上市，那么你的媒体联络人可以代表你，并出面处理这些事。这样你就不必在一些媒体的闪光灯下茫然不知所措。当然，想要结交这一类朋友，秘诀是，在需要他们的帮助之前先认识他们。

第七章

优化知识结构，充实大格局的内在支撑力

1.每天读书半小时

书是知识的载体，是人类共有的精神财富。读书使人充实，可以提高素养、深化思想、增长才能。阅读好书，就像是跟历代明贤交谈，受到他们潜移默化的影响，大量的阅读是通向自我完善的必由之路。一个爱读书的人，总是能够体会到读书时妙不可言的乐趣，如果他爱好读书，即使最终不能成为伟大的人，也能够成为博学的人。

书是人类进步的阶梯。著名作家毕淑敏所说："日子一天一天地走，书要一页一页地读。清风朗月水滴石穿，一年几年一辈子地读下去。书就像微波，从内到外震荡着我们的心，徐徐地加热，精神分子的结构就改变了、成熟了，书的效力就凸显出来了。"

每个人在步入社会后，就无法避免与别人交往、交流，在交流的过程中，谈吐和修养是最能征服别人的。一个有知识的人一定要常看书，一个有智慧的人一定要常写作。无论你多忙，工作有多繁重，你一定要抽出时间来写写文章，看看书。因为这样做能够改变一个人的思想和行为。一个人要改变自己的思想，必须能够每天都读一些好的书。读一本好书就像是交了一个好朋友，它能够帮你走好自己的路。读书能够丰富你的生活，写作能够提高你的智慧。喜欢看书和写作的人，一定会有一个好的心态，因为知识和智慧的海洋是无边无际的。

在竞争激烈的社会中，在重压下，每个人都有可能会心浮气躁。而读书则能让一个人冷静，写作能够让一个人成熟。读书是一个人制胜的法宝，会增添人的儒雅之气，古语有云“腹有诗书气自华”，喜欢读书的人能够经受住岁月的洗礼，能够让备受工作压力摧残而浮躁的心静下来。

江华是一个让很多男人都喜欢的女人，她已经快30岁了，仍然有一群男人愿意围绕在她的周围。因为江华是一个很有思想的女人，她除了工作以外，还有很多自己的爱好。尽管身边的好男人不少，但是能够让江华喜欢的却只有朱力一个人而已。朱力是一个很有修养的男人，虽然他条件一般，但是他除了工作以外，就很喜欢读读书、写写字。

当江华去找朱力的时候，总能看到他在家里面看书、写字，这让江华觉得眼前的这个男人真的很特别。因为现在的社会，网络信息发达，很多人都选择用闲暇的时间上网聊天、打游戏或者看看电影，像朱力这样的男人真的是凤毛麟角了。江华每次和朱力谈话的时候，总能从他不凡的谈吐中，听到一些震撼自己心灵的东西。虽然朱力外表并不帅气，但是超凡脱俗的谈吐和儒雅的气质让他看起来，总是比那些外表光鲜亮丽的男人更有神秘感。

江华对于自己不懂的事情或者想要知道的知识经常会向朱力请教，对于朱力也是十分信任。有句话说：“女人对男人的爱，多少都带点崇拜。”对于朱力这样有着深厚内涵的男人，江华有点崇拜，更有点爱。

一个人最具魅力之处，即在于心中藏有一座开掘不尽的精神矿藏，它让一个人的魅力随岁月渐长，也能给人一种常新的迷人气质。想要获取这种魅力，秘诀就是内外兼修，从心灵开始打足底气，持之以恒地积累自己的魅力资产。

对于生活中的很多人来说，尤其是整天忙于繁忙工作的上班族来说，每天拿出固定的2～3个小时来读书，几乎是一种奢望。此外，如果一个人养成整块时间读书的习惯，就可能不会随时随地读书，因为一旦工作忙起来，自然就会放弃读书习惯。所以，每天坚持读一段时间，不论时间多少，久而久之，同样能够积少成多，见到成效。

有这样两姐妹：姐姐身材好，脸蛋美，如花似玉，但街坊邻居觉得她有些轻浮；妹妹个子矮，鼻子塌，邻居都叫她“丑小鸭”。姐妹两人长相有很大差距，个性也大相径庭，唯一相像的地方就是两人脸上都长有雀斑。

姐姐经常去做美容，每月的工资几乎都花在了美容上。她觉得脸上的雀斑是个遗憾，想尽办法遮盖它，然而美容却遮盖不住她心中的俗气，与其交往的人不久就会厌倦她，因为她眼中除了美容就是钱。

妹妹则喜欢读书，每逢假日必去书店。她的工资除了生活中必要的花销外，几乎都用在了买书上。她读了很多书。她从英国诗人艾略特的书中品尝出人生的深奥，眉宇间增添了思考的睿智；从海伦·凯勒的书中咀嚼出战胜自我的力量，从自卑的困扰中走了出来；从中国古典名著中学会了做人的谦恭，使她多了一分书卷气……

时间久了，妹妹的言谈举止中自然流露着一种脱俗的魅力，连她脸蛋上的雀斑也显得很俏皮。很多人都愿意与她交往，有一些疑难问题也都爱找她帮助。慢慢地，她的朋友也多了起来，成了大家关注的焦点。

高尔基说："学问改变气质。"读书是永葆青春的秘诀。读书又是没有年龄界限的，年年岁岁都是读书的好时节。和书籍生活在一起，永远不会叹息。知识是最好的美容佳品，书是气质的时装。书更是生活中不可缺少的调味品，让你乐在其中，品在其中，回味无穷。

她是一个很特别的女孩。无论遇到什么事，哪怕是他人摆出一副咄咄逼人的架势，她也从不会轻易动怒。她总是莞尔一笑，给人以岁月安好的宁静感。她的心如水般平静，从不对谁说刻薄的话，也不会议论别人的是非，更不会在心里怨恨任何人。对于情感，她像是一朵洁白的雪莲花，不会给爱情和爱人附加任何条件，爱就是，简简单单，纯纯粹粹。

她的房间里，有一面书墙，摆满了各式各样的书。她最喜欢的是一套三毛文集。她说，向往三毛与荷西的爱情，看她的文字，就像领略一段别样的旅行，字字句句都透着真善美，透着对生活的热爱。这一切，无时无刻不敲打着她的心。

她喜欢那些有深度的作家，就像毕淑敏，向来对生命存着敬畏和关爱，教她领悟活着的可贵以及珍惜的含义。看过《预约死亡》之后，她真的去找了附近的临终关怀医生，从那里走出的时候，她满眼含泪，心情沉重之余多了一分对生命的敬重。

书架上的书，是她的天堂，是她的世界。渡边淳一的《失乐园》，塞林格的《麦田里的守望者》，米兰·昆德拉的《生命不能承受之轻》、西蒙·德·波伏娃的《第二性》，鲍里斯·瓦西里耶夫的《这里的黎明静悄悄》全是她的朋友，她的导师。

每读一本书，她都会精心写下一些感悟。这些感悟，或发在豆瓣上，或自己收藏。她觉得，这是心灵的收获，是生命的无价之宝。

有书陪伴的日子，她觉得生命一直在被养分滋润着，吸取着天地间的精华，让心灵开出动人的花。书，是她精神上的导师，是她心灵上的翅膀，给了她一对能够自在翱翔的翅膀，也给了她水一样温婉性情，透明却真实，温柔却不软弱。

她已经35岁了，有家，有孩子。可这一切，并没有打乱她的书香世界。她的书墙，就是她的精神领地，那是一个没有人能够占据的世界。她坚信，未来的十年，二十年，在书的滋养下，她会比现在更从容、更自信、更优雅。

1995年，联合国教科文组织将每年的4月23日定为“世界读书日”，希望这一决定能使读书成为人类的一种习惯，从而有助于人类精神文明的提升。让读书成为一种习惯，是一个古老而崭新的话题。一个人成功的因素不只是读书，但读书却是一个人成功的重要因素。古往今来，无数的圣哲先贤们，都在读书中获得了无穷的益处。

曾经饱受苦难的犹太民族，之所以今天能够崛起于沙漠之上，屹立于世界民族之林，与其民族优秀的阅读传统不无关系。据统计，1901—1995年，在645位诺贝尔奖获得者中，犹太人有121位，获奖人数高居世界各民族之首。马克思、弗洛伊德、爱因斯坦、门德尔松、萨缪尔森等，更是人们耳熟能详的犹太裔思想家、科学家、艺术家和经济学家。究其原因，酷爱读书是其不可忽视的因素。

据联合国教科文组织调查，犹太人人均占有的图书量，每年读书的时间和数量，都超过世界上其他国家的人。为了培养孩子读书的习惯，犹太人的家庭长期流传着这样的传统：当小孩稍微懂事时，母亲就会翻开《圣经》，滴一点蜂蜜在上面，让小孩去舔带着蜂蜜的图书。其用意不言自明，让孩子从小就知道读书是一件甜蜜的事情。

每天我们只用半个小时，来换取极大的精神享受，这本身就是莫大的诱惑。这个时候，你可以泡一杯香茗或者咖啡，放上一段悠扬的音乐，暂时远离现实生活中的纷纷扰扰，让自己沉浸在文字构筑的世界里，充分享受阅读的乐趣。读唐诗宋词，你将感受到文人骚客们浪漫脱俗的文人情怀；读名人传记，你可以了解到他们的生平和成功的秘密；读各国小说，你会见识到不同国家不同年代的人生百态；读旅行游记，你将领略到世界各地的风土人情和文化底蕴……书籍，会不断为你打开一片又一片新的人生天地。

不要小看这短短的半个小时。你想想，每天半个小时，这样日积月累，你读的书就会越来越多，获得的知识也会越来越丰富，这样的人生将会是无比充实的。

每天给自己半小时，让自己徜徉在书的海洋里，让自己拥有一份宁静自在的心情。

2.学一门一直想学但始终没学的技能

每个人身上都有巨大的潜能，都有许多想做但却一直没能做的事，想学但始终没学的一门技能。那么，不要再等待了，立即去做、去学，完成自己的心愿，挖掘自己新的潜能吧。

学一门一直想学但始终没学的技能，这门技能不必是什么很了不起的技能，或者你没有必要知道的。它可以只是一门你一直很感兴趣，又深感疑惑的技能，而你从来没有花点时间去学习。趁着你还年轻，还有一颗有强烈求知欲的心，赶快行动吧！

19世纪初，美国一座偏远的小镇上住着一户人家。全家五口人，一对夫妻，三个孩子。孩子中的老大叫亨利，亨利一直有个梦想，就是成为钢琴家。可是家庭的贫困不允许他有“非分之想”。十五岁那年，他不得已辍学回家务农。在劳累的活计中，他的梦想渐渐地搁浅了。

一天晚餐后，亨利在街上闲逛，他来到了本镇最富有的一户人家的门外面。豪宅的里面传来了优美动听的钢琴声，他知道那是与自己年龄相仿的伯杰在弹奏。他的梦想再次被点燃了，但一想到自身的窘状，就感到非常苦恼。

仅仅苦恼没有任何用，从那以后，亨利更加拼命工作，找一切可以赚钱的工作。五年后，他终于有了属于自己的一架钢琴。有了钢琴，却没有老师，亨利就自学，他买来各种乐谱，每天傍晚就在房间弹奏。

三十年后的一天，伯杰突然收到一封精美的请柬，一位自称是他“30年前的朋友”的男士邀请他参加一个湖边度假庄园的落成庆典。

在那里，他不仅领略了典雅的建筑，也见到了众多社会名流。接着，他看到了即兴发言的庄园主。

“今天，我首先感谢的是在我成功的路上，第一个点燃我梦想的人。他就是30年前的朋友伯杰……”说完，他在众人的掌声中，径直走到伯杰面前，紧紧地拥抱他。此时，伯杰才恍然大悟，原来，眼前这位名声显赫的钢琴大师就是小镇上那户贫困人家的儿子。

收起种种悲伤，化悲痛为动力，疯狂地去学想学但始终没学的技能吧。人的一生经常会有很多不期而遇的意外发生，并非人所能掌控，既然有梦想在，就做自己想做的事，让自己开心吧！你将从中感受到一种前所未有的成就感。

无论你的梦想是什么，只要看准方向，并且一路上不停地努力，成功就会出现在你最意想不到的地方，没有人可以强迫你失去梦想，除了你自己。

生活中总是存在两类人：一类是天天沉浸在计划和幻想中，看不到真实的行动；一类是把想法落实到计划中去，成为敢于行动的人。你属于哪一类呢？凭你自己的经历，你会很容易找到答案。

学一门一直想学但始终没学的技能，在享受生命的同时，也能感到收获的快乐。学的过程中，不要给自己压力，能学成最好，学不好此生也没有遗憾了。

米兰与丈夫结婚三年了，终于有了自己的小宝贝。知道自己怀孕的米兰既有欢喜也有忧。她不愿意舍弃自己工作了五年的单位，也不愿意挺着肚子上班，忍受拥挤的交通。两者选其一，她反复纠结，在脑海里形成了挥之不去的阴影。

丈夫劝她不要外出，安心在家养胎。她虽然不情愿，却还是辞职了。久而久之，就养成了习惯，每天在家里收拾，看看电视。日子如同反复重播的录像带，枯燥乏味。“没意思”成了她的口头禅，听得老公耳朵都起了茧子。

一天，她照例对着丈夫抱怨：“生活也太没意思了。”丈夫就问她：“那你为什么不找点有意思的事情做呢？”

“你以前不是一直想学钢琴吗？那个时候我们没有钱，现在刚好你没有什么事，不如就开始学钢琴吧，以后也好教我们的孩子。”

米兰听后恍然大悟，原来自己的生活太缺乏如此的爱好了。没有自己的爱好，犹如灵魂少了一些血肉，只剩生活这副骨架了。她迷上了钢琴，爱上了钢琴，就这样，米兰开始每天在家里练习钢琴，从最基本的入门开始，一天一天练下去。

十月怀胎，女儿出生后，她已经能够弹奏一支完整的曲子了。看着熟睡的女儿，看着认真弹琴的妻子，丈夫说：“你的生活有了让人羡慕的样子。”

著名作家柯林·威尔森曾用富有激情的笔调写道：“在我们的潜意识中，在靠近日常生活意识的表层的地方，有一种‘过剩能量储藏箱’，存放着准备使用的能量，就好像存放在银行里个人账户中的钱一样，在我们需要使用的时候，就可以派上用场。”别让“现状”模糊了未来，未来是不可预知的，也是充满奇幻色彩的。

学一门一直想学但始终没学的技能，心动不如行动，让自己的心灵更充实一些；不要让自己活在一个空虚的世界，要把想法变成行动。如果你还没有行动，那么今天就开始吧！不管它是容易还是困难，你都要尽力去学，相信你会学得很好的。把精力积极投入到“可能”领域的开拓，充分发掘自己的潜能吧！

3.利用业余时间，给自己充充电

美国总统杜鲁门说过：“不是所有的读书人都是一名领袖，然而每一位领袖必须是读书人。”杜鲁门没有读过大学，但他从来没有停止过学习。与此相反的是，很多人认为，我们所需要的知识在学校就已经学过了，学习是学生的事。所以，很多人上班后就不再读书，不再学习工作之外的东西，往往把大把的时间浪费在闲聊与玩手机上。

其实，想在事业上有所成就，我们应该学一些工作之外的新东西，以增强自己的综合能力，不断提高自己适应这个社会的能力。离开学校后，学习只能靠自己积极主动，因为我们缺少充裕的时间和心无杂念的专注，以及专业教师的辅导。

学习是一辈子的事，不论是在人生的哪个阶段，学习的脚步都不能有所停歇，要把工作视为学习的殿堂。我们只有学习、学习、再学习，才能不断丰富自己，不断地提高自己的整体素质。要想在当今竞争激烈的商业环境中胜出，就必须学会从工作中吸取经验、探寻智慧的启发以及有助于提升效率的资讯。

有人说，未来的职场竞争不再是知识与专业技能的竞争，而是学习力的竞争，一个善于学习的人，前途一片光明。你的知识对于职业发展是很有价值的宝库，所以，别让自己的技能落在时代后面。

当今社会，科技发展迅速，市场经济千变万化，对人才的需求也随之不断改变。在这个知识大爆炸的年代里，人才的竞争不再是学历的竞争，而是学习力的竞争，谁放弃学习，谁必将被社会淘汰，只有不断地为自己充电，才能在竞争中立于不败之地。

大凡在事业上有大成就的人，都是终身孜孜不倦追求知识的人。在漫长的人生经历中，不管境遇怎样改变，他们也不放弃对知识的追求，学习既是获取知识的途径，又是在逆境中的精神支柱。他们真正地明白“学海无涯”的道理，知道知识无止境，学习也应该是没有止境的。学习使一个人的思想、心理和精神永远年轻，也使事业日新月异。

林宇和王吉都是一所医学院的学生，毕业时，林宇选择了一家省城医院，王吉则选择了一家市级医院。他们为自己的选择作出了充分的解释。林宇说："省城医院专家教授多，接触的病人也多，在那里一定能得到很大的锻炼，有所成就。"王吉说："省城医院人才济济，我们只不过是普通医学院的毕业生，去了还不是做些跑腿、打杂的工作，能有什么发展前途？市级医院福利待遇也不低，而且很看重我们这些刚毕业的学生，在那里才有前途。"

10年过去了，林宇成为省内专家，王吉到省城进修，正是跟随林宇学习！昔日同学，今朝师徒，令人尴尬。林宇请王吉出去吃饭，两人边吃边聊，王吉不解地问："当年省城医院分去那么多学生，都是非常优异的人才，你成绩并不突出，究竟怎么取得今天成绩的？"

林宇想了想，拿起身边的茶水洒到桌子上说："同样是一杯水，洒到桌子上很快就干了，而盛在杯子里就永远留有机会。我来到省城医院，一开始，确实像你说的，不受人重视，天天跟着专家教授做做记录，查查房。有些一起来的学生觉得做这些事没有用处，开始敷衍了事，可我不这样想，我认为天天跟专家教授在一起，即便再笨，耳濡目染也会受到影响，有进步。就这样，一天天，一年年过去了，我就取得了今天的成绩。"

王吉仔细听着，他若有所思地说："说得好，你从与你竞争的对手身上看到了成功的道路，学到了成功的秘笈啊。当年，你从我的选择上看到了我的缺点，你作出正确选择；

工作后，你从那些懒惰人身上看到了失败的影子，学习到了工作的方法，这比学习专业知识还要重要。而我，贪图享受，惧怕竞争，更不懂得随时随地向他人学习，学习他人的优点，总结他人的弱点，说到底，缺少学习能力，才导致今日结果。”

林宇听了，笑着说：“竞争不会结束，我们可以开始新一轮比赛。”

此后，王吉努力向林宇学习，包括医学知识，也包括不懈追求、勇于向竞争对手学习的精神，经过多年努力，他也成为当地有名的医生。

在充满竞争的环境里，学习是没有止境的，如果你不能及时学习，把握良机，就会被社会淘汰。

英国作家瓦尔特·司各特爵士曾经说：“每个人所受教育的精华部分，就是他自己教给自己的东西。”由此可知，学习带给我们的财富是无法估量的。尤其是在当今的这个时代，新技术、新产品和新服务项目层出不穷，工作对人的要求随着技术的进步也在不断地产生变化，标准的提高，拉大了技术发展的要求与人们实际的工作能力之间的差距。于是，出现了这样一种奇怪的现象：一方面失业人口持续上升，另一方面各种人才越来越少。随着知识经济时代的到来，企业对员工不再只是数量的需求，更重要的是对其质量有了更高的要求。

可以说，如果我们不继续学习，就无法取得生活和工作所需要的知识，无法适应急速变化的时代，这样一来，我们不仅做不好本职工作，反而有被时代淘汰的危险。

4.至少培养一项健康的爱好

当你所做的事情是你自己的爱好时，你会发现你做起事情来就会事半功倍，爱好能够让人变得聪明，爱好也能够给人带来动力，做自己喜欢做的事情就会在行程中得到快乐，在困难中得到鼓励。

曾经有人说："每个人应该在工作以外有一项牵肠挂肚的爱好。"的确如此。你的爱好如果与你的工作紧密相关，那么将是一件极为美好的事。如果除工作外，你还能保持坚持做一两项自己爱好的事情，那也将是非常有益的。

广泛的兴趣、爱好，能使一个人保持乐观情绪，有益健康长寿。比如中国古代一直流传的琴、棋、书、画，当然你的爱好也可以是其他的有益身心健康的类型。在现今这个高速运转的社会中，竞争相当地激烈，如果一个人除了对自己的工作一门心思外，再没有任何的业余爱好，那么他就会觉得自己的生活很累，而且除了工作找不到任何其他人生意义。

一个人如果没有自己的爱好，整天碌碌无为，除了忙工作就只能是跟一群酒肉朋友吃饭聊天。其实，爱好的另一层意思就是多才多艺，精力充沛，感情丰富。

张超是一个“90后”，他平时除了工作，同事们都没有看出他有什么别的方面的才华。直到有一次同事们聚餐，小刘送喝醉的张超回家的时候，在张超的家里面发现了挂在墙上的书法作品和绘画。这些书法作品看上去严整有力，小刘细看落款发现居然是张超自己。再一看那幅绘画作品，画的是《花开富贵》，牡丹花娇艳欲滴、活灵活现；再看挂在门上面的《八骏全图》，他简直惊呆了，这也是不可多得的佳作！

小刘将张超安顿好以后，一个人坐车回家了。半路上脑海中始终浮现着张超的那些书法和绘画作品，原来张超还有这种艺术才能，真是想不到。一瞬间，张超的形象就在小刘的脑海中高大了许多。第二天，张超上班，他的艺术才华已经在办公室里面传开了。张超还不知道怎么回事，只觉得同事对自己特别地热情，连看他的眼神都不一样了。弄清楚缘由以后，张超才知道，原来自己的这点业余爱好都被小刘宣传出去了。

每一个同事都跑过来问张超：“超，什么时候能让我们见识一下你的墨宝啊？”张超就红着脸笑着说：“我那就是弄着玩的。”同事余庆急忙拿来笔墨纸砚说：“咱们今天刚好有一项活动，是要求每一组拿出员工的才华资助希望小学的，张超你义不容辞啊。”张超笑呵呵地说：“没问题，做好事我还是比较愿意的，只不过我的手艺和专业的差距有点大。”大家都拍拍张超的肩膀说：“小张，加油，我们看好你。”

张超从进公司开始到现在已经有快两年的时间了，第一次被同事们推举参加活动，也第一次得到这么多人的褒奖和信任。他凭借着自己平时的练习和自己对爱好的执着，很快就画出了一幅飘逸灵动的骏马图，公司里面的领导看到了都夸奖张超的才华，而公司里面的女同事很多都对张超产生了好感。以前默默无闻的张超，没有女同事喜欢和他说话，现在的张超一瞬间成为了办公室里面最受欢迎的男士。

一个人能够在自己工作以外的世界有所涉猎，并成为那里面的一分子，那么你的人生中至少精神是有所皈依的，而且这样的人生才是强大的。有一项健康的爱好对于一个人来说很重要，尤其对于事业心较强的人来说，至少在工作之余，你可以找到一些工作以外的精彩生活，能够让自己的精神得到寄托。爱好能够给平淡无奇的生活添加乐趣，爱好是你度过闲暇时间的一种有趣的方式，也是你寻求乐趣的一种活动。有着健康爱好的人总会吸引一些朋友的注意，而且有的时候如果你在工作中得不到认可，你的爱好往往就是你获得他人称赞的最佳选择了。

小陈是河北保定一家汽车修理厂的工人。就是这样一个普通人，引来电视台竞相报道，一时间名声大噪。原因在于，他翻译了许多知名的日本小说，日文听说读写样样都在行。更难得的是，他没有念过大学，也没有到日本读书的经历。

小陈初中没毕业就来了这家汽车修理厂，看着同龄人在学校里欢乐地学习和玩耍，他心里充满了羡慕。是啊，如果不是父亲早逝，母亲常年有病，他和同学们一样还在学校里，不至于早早踏入社会。

心情烦闷的小陈常常借打电玩打发时间。由于当时的电玩大多是日文，想要解谜、破关，不能看不懂关键说明。于是，他买了生平第一本日文字典。但是一本字典，无法让他看懂所有相关说明，于是他偷偷地去报日文辅导班；在家看电视都锁定日文频道。在看电视的过程中，他不仅在放松，更在竖着耳朵听日文，日积月累下来，他渐渐能全部了解电玩中的日文，并意外发现自己具备了看日文小说的能力，因缘际会下，他开始在业余时间做起了翻译工作，由于文笔流畅优美，竟然声名鹊起。

很难想象一个没有爱好的人，他的生活是什么样子的，生活里面有多少的无奈和无趣。集邮、养花、打篮球是爱好，抽烟、喝酒、打麻将虽然不可取，却不能说不是爱好。但是抽烟、喝酒、打麻将这些活动和行为控制不好只会伤害你的身体健康，建议你多培养一些高雅的爱好，至少它可以提升你的品位，让你在众人中看上去是与众不同的。

一定要培养一些自己的兴趣。难过的时候，兴趣是你最好的老师，引导你走出心底的忧伤；快乐的时候，兴趣是你的密友，分享你的甜蜜；乏味的时候，兴趣是你的恋人，给你恋爱时的激情；寂寞的时候，兴趣是你的亲人，伴你走过最孤独的心路历程。

伟大的思想家罗兰曾经说过：“当你所做的事情是你自己的爱好时，你会发现你做起事情来事半功倍。爱好能够让人变得聪明，爱好也能够给人们带来动力。做自己喜欢做的事情就会在行程中得到快乐，在困难中得到鼓励！”

5.每天开动脑筋，想出一个新点子

无可否认，有些聪明的点子就是人们在不经意间想出来的。但是我们也必须承认，大部分发明创造都是别人苦心钻研的结果。比如说爱迪生发明电灯，贝尔发明电话。我们也知道，一旦我们发现了一个绝妙的点子，也许一夜之间就可以成为百万富翁。

一般人眼中，拾破烂的一定是穷人。想靠拾破烂成为百万富翁，近乎天方夜谭。可是，这真的有人做到了。

沈阳有个以拾破烂为生的人，名叫王洪怀。有一天他突发奇想：收一个易拉罐，才赚几分钱，如果将它熔化了，作为金属材料卖，是否可以多卖些钱？于是他把一个空罐剪碎，装进自行车的铃盖里，把它熔化成一块指甲大小的银灰色金属，然后花了600元在有色金属研究所做了化验。化验结果显示。这是一种很贵重的铝镁合金。当时市场上的铝锭价格，每吨在14000元至18000元之间，每个空易拉罐重18.5克，54000个就是1吨。这样算下来，卖熔化后的材料比直接卖易拉罐要多赚六七倍的钱。他决定回收易拉罐进行熔炼。

从拾易拉罐到熔炼金属，一念之间，不仅改变了他所做的工作的性质，也让他的人生走上另外一条轨道。

为了多收易拉罐，他把回收价格从每个几分钱提高到每个一角四分，又将回收价格以及指定收购地点印在卡片上，向所有的拾荒人散发。一周以后，王洪怀骑着自行车到指定地点一看，只见一大片货车在等他，车上装的全是空易拉罐。这一天，他回收了13万个，足足两吨半。向他提供易拉罐的同行们，卸完货仍然又去拾他们的破烂，而王洪怀却彻底变了。

他立即办了一个金属再生加工厂。一年内，加工厂用空易拉罐炼出了240多吨铝锭，三年内，赚了270万元。他从一个拾荒者一跃成为百万富翁。

一个收破烂的人，没有让自己的思维停滞不前，他想到的不仅是拾，还要改造拾来的东西，这已经不简单了。改造之后能够送到科研机构去化验，就更是具有了专业眼光。至于600元的化验费，是多少个易拉罐换回来的啊，一般的拾荒人是绝对舍不得花的。这就是有心人与无心人的区别，也是投资者和打工者的区别。

虽然是个拾荒人，却没有穷人心态，不让自己的思想埋没于无声无边的破烂当中。他敢想敢做，而且有一套巧妙的办法。这种人，不管他眼下的处境怎样，兴旺发达都是迟早的事。

一天，一位名叫游小芊的成都女孩去参加聚会，一位好友惊呼："你这双袜子哪买的？真漂亮，太有个性了！"游小芊简直不敢相信，自己把袜子穿成一样一只，居然有人说漂亮。突然间，一个点子冒了出来：对呀！袜子为什么一定要配对呢？

事后游小芊做了市场调查，发现都市白领们越来越追求个性与创意，袜子作为扮靓不可或缺的一部分，却一直没有人打过它的主意。

于是，她决定：结束坐班的生活，自己开个"混袜专卖店"。一间名为"足意"的小店就这样诞生了。游小芊首先做的，是把买回来的成双成对的袜子全部打乱，进行富有创意的配对。

一天早上，小店周边写字楼的白领们浏览本地热点时，纷纷被一篇名为《足下的秘密风景》的帖子吸引。“让你的左右脚分别穿着不同风格的袜子是番什么样的风景……”这篇帖子引起了白领们的强烈好奇心，而这是游小芊在守了几天空铺子后想出的一条妙计。

就这样，专卖店里的人气日渐旺盛起来。10～20元一双的袜子，一天能卖30多双，纯利接近300元。一时间，白领们左右脚上个性鲜明的混搭袜子成了成都街头一道靓丽的风景。而这个富有独创精神的女孩也凭着这种不走寻常路的创举，为自己的人生画上了精彩的一笔。

这是一个真实的故事，你还可以去调查那些成功的名人，你会发现，在他们身上，思考永不停步。所有的成功均来自平凡日子里点点滴滴的积累，成功只属于有心人。

人不可以每天沉迷于梦想，但是也不可以毫无梦想。我们希望能够一夜暴富，但是我们也不会傻到坐等这一刻的降临。只有每天都努力着，在获得的时候，我们才会心安理得；而如果这个机会一辈子也不到来，我们也就不会因此遗憾。

有人说，发明创造总是懒人们的杰作，这句话不无道理。人们懒于走路，于是发明了自行车、火车、汽车。人们懒于洗衣服，于是发明了搓衣板、洗衣机。但是这些懒人的“伎俩”最终提高了社会效率，为人类文明的发展做出了巨大的贡献。从另一个角度上来讲，在生活中还有许多需要改进的地方，每一个这样的地方都值得你开动脑筋。

每天一个新点子，成功只属于那些真正的有心人。比如说，有人发现高楼的窗户难以清洁，于是各式各样的擦窗器被发明出来。当然，这些发明都是稚嫩的，也许你有更好的点子。如果哪一天你发明的擦窗器能够像吸尘器一样走入千家万户，那么你也就发财了。这只是一个例子而已。

搞些发明创造，不仅可能给你带来财富。更重要的是，你可以在这个过程中享受到乐趣。现在人们总爱把时间浪费在看电视、阅读无效信息和其他无意义的事情上，大部分人认为这是休息。而事实上，只有睡眠才是真正意义上的休息，人们每天花8个小时工作，8个小时睡觉，那么还有8个小时，我们都干了些什么呢？如果我们把这些时间抽出十分之一来想一些绝妙的点子，其实也可以算做一种休闲的方式。

点子和创意，改变你的生活，让你更有魅力。

6.勇于尝试，激发出你的潜能

你可以做任何你想做的事。即使是打电话给一位老友、一个可能的客户或情人。今天，对我们而言最重要的是那份用心、那份企图心。事情本身并不是重点，可以是一件大事，譬如，一个大构想的开端，也可以是洗车这种简单或琐碎的事。最重要的是克服自己的排斥心理并试着做某事。

他出生在马里兰州，他的祖先来自澳大利亚。他的父母是老实巴交的农民。在家里，他排行老三。

因为家境不好，父母很早就打算让他辍学，但遭到了两个姐姐的强烈反对。在他的记忆中，那次两个姐姐和父亲吵得很厉害，大姐甚至一度提出让自己来资助弟弟读书，但最终仍没有得到父亲的同意。

虽然吃的是咸菜面包，但是6岁时，他的身高已经达到129厘米，这让他感到很烦恼。细心的姐姐发现了这一变化，认为他将是罕见的游泳天才。于是她想方设法弄了一些游泳方面的杂志给他看，并利用闲暇给他讲解相关知识。在姐姐的影响下，他对游泳变得近乎痴迷起来。

当他把要立志做一名游泳运动员的想法告诉父亲时，却遭到父亲的强烈反对。原因是他的两个姐姐已经是游泳运动员了，巨大的开销早就让这个贫困的家庭感受到前所未有的压力。在经济低迷的时候，父亲不得不靠卖血来维持家用。父亲当场就给了他一巴掌，冷笑着说："你这个傻瓜，你知道白痴是怎么出来的吗？就是像你这样想出来的，游泳？你以为人人都是天才，别做梦了！"

然而他并不甘心做一个碌碌无为的人。在姐姐的指导下，他总能轻松学会别的少年所不能掌握的技巧。他11岁那年，姐姐把他推荐给鲍曼教练。

鲍曼看了他在水池里杰出的表现后，迫不及待地赶到他的家里，对他的父母说："你的儿子天赋极佳，他的潜力是无限的，让他跟我练吧。"同样的话语，父亲听过很多次了。这一年，父亲成了一名警察，母亲也当了老师。因为经济条件的改善，父亲没再拒绝教练的请求。

经过坚持不懈的努力，他终于将自己的理想变成了现实。2001年，他打破了200米蝶泳世界纪录，成为最年轻的世界纪录保持者，并赢得了"神童"的美誉。2003年，他接连5次打破世界纪录，被评为年度最佳男子游泳运动员。2007年，在墨尔本世锦赛上，他更是独揽7金，被人称为世界泳坛上的"一哥"。

2008年8月10日，在北京奥运会的比赛中，他轻松获得男子400米混合泳的冠军，并再次打破这个比赛的世界纪录。

他就是菲尔普斯。2008年，他带着一家人开始了环球旅行，最后一站就是长城。想起童年的往事，他感慨万千。他站在城墙上对父亲说："亲爱的爸爸，还记得小时候你经常嘲笑我不要痴人做梦，但你的儿子很争气，不但成了世界冠军，也实现了当时立下的环球旅行的誓言。"父亲紧紧地拥抱着他，热泪盈眶。

2008年，菲尔普斯用8枚奥运金牌告诉我们：勇敢地尝试，挖掘上天赋予你却没有被发现的潜能。

尝试任何事。这个建议听起来似乎很单纯，但对许多人而言，实情并非如此。你是否费尽心力，让自己相信某件你想完成的事根本办不到或不值得去努力，而且，你心里所想的都不会有结果？即使有结果，也要担负太多的责任？果真如此的话，过不了多久，你就会阻止自己去接受任何或大或小的挑战。不过，事实上，困难的事自有一种美。你所需要做的就是尝试。

有一所位于偏远地区的小学校由于设备不足，每到冬季便要利用老式的烧煤锅炉取暖。有一个小男孩每天都提早来到学校，将锅炉打开，好让老师、同学们一进教室就能享受到暖气。

但有一天老师和同学们到达学校时，愕然发现有火舌从教室冒出。他们急忙将这个小男孩救出，但他的下半身已经被严重灼伤，完全失去意识，只剩一口气了。

经过医生的急救，小男孩稍微恢复了知觉。他躺在病床上迷迷糊糊地听到医生对妈妈说："这孩子的下半身被火烧得太厉害了，能活下去的机会实在很渺茫。"但这勇敢的小男孩不愿这样就被死神带走，他下定决心要活下去。出乎医生的意料，他熬过了最关键的一刻！

危险期过后，他又听到医生在跟妈妈窃窃私语："其实保住性命对这孩子而言不一定是好事，他的下半身受到严重伤害，就算活下去，下半辈子也注定是个残废。"

这时小男孩心中又暗暗发誓，他不要做个残废，他一定要站起身走路。但不幸的是，他的下半身毫无行动能力，两只细弱的腿垂在那里，没有任何知觉。

出院之后，妈妈每天为他按摩双脚，不曾间断，但仍是没有任何好转的迹象。虽然如此，他要走路的决心从未动摇。

平时他都以轮椅代步。有一天，天气十分晴朗，妈妈推着他到院子里呼吸新鲜空气。他望着灿烂阳光照耀的草地，心中突然出现了一个想法。

他奋力将身体移开轮椅，然后拖着无力的双脚在草地上匍匐前进。一步一步，他终于爬到篱笆墙边；接着他用尽全力，努力地扶着篱笆站了起来。抱着坚定的决心，他每天都扶着篱笆练习走路，他心中只有一个目标：努力锻炼双脚。

凭借着钢铁般的意志和每日持续的按摩，他终于能靠着自己的双脚站起来，然后走路，甚至跑步。

他后来不但能走路上学，还能和同学们一起享受跑步的乐趣；大学时，他还入选田径队。

一个被火烧伤下半身的孩子，原本逃不过死神的召唤，原本一辈子都无法走路跑步，但凭着坚强的意志，他——葛林·康宁汉博士，跑出了全世界最快的成绩。

人定胜天，没有什么不可能的，只要你努力尝试。努力尝试的结果有时候恰如所愿，有时候则与预期的不同。不过，不论发生什么后果，你都永远不再是原来的自己。你会了解如何跨出去，如何奋斗，如何感觉自己的力量和野心，而且，知道不论你要去哪里，你都会到达，只因为你有尝试的勇气。

7.请自觉为你的“面孔”负责

当面对人生重大的机遇时，谁也不应忽视“面孔”——第一印象的巨大影响作用，因为这是走向成功的一个台阶。

美国前总统林肯的一位朋友向他推荐了一位人才。据说这位仁兄才高八斗，学富五车，担任内阁成员绰绰有余。林肯兴致勃勃地接见了这位才子。

接见之后，林肯直截了当地告诉自己的朋友，这个人不适合做内阁成员，因为他的相貌实在对不起广大群众。

朋友一听就急了："你这不是以貌取人吗？相貌是天生的，能代表一个人的水平吗？你难道不记得当初你也曾经是个相貌一般的人了？"

林肯笑了笑说："一个人过了40岁，就应该为自己的面孔负责了。"

林肯以貌取人，自然有可商榷之处，但那位怀才不遇的老兄，是不是也该自我检讨一番呢？容貌虽然不容易改变，但经过合理的修饰和搭配，还是可以变得养眼一些的。

小王是天兰广告公司的业务员。这天，他接到公司业务部经理的电话，让他马上到一家大公司去签一份合同。经理特别嘱咐他：有关这份合同的全部细节已经和对方谈好了。由于经理出差在外，所以让小王代劳。这一点，经理也已经向对方说明了。

听了经理的吩咐，小王欣喜异常。他立即收拾东西朝客户公司赶去，可惜赶上堵车，小王到客户公司的时候，已经比约定的时间晚了约一刻钟。

小王气喘吁吁地冲进经理办公室，把手里的材料往桌子上一放，说："我是天兰广告公司的小王，我们经理让我来跟你签个合同。"对方上下打量了小王一会儿，问："您来的时候，遇到沙尘天气了？"

小王看了看自己腿上的尘土，摇了摇头，说："没有，经理通知我来的时候，我正在收拾自己的办公室，那些保洁人员太不负责了，角落里根本就没有打扫！我们现在就可以签合同了吗？"

对方沉吟了一会儿，说："不，我还没有最后想好。这样，等你们经理回来，我们再就相关细节进行一下讨论，然后再确定是否签这份合同，再见！"

小王被客气地送了出来.临出门，他愤愤地看了对方一眼，心想："为什么说话不算话呢？"

小王对对方的抱怨是没有道理的。在整个过程中，小王从踏进对方办公室的那一刻，就注定了要失败。这不难理解，假如你是对方经理，你愿意和一个约会迟到却不道歉、衣着邋遢、说话大大咧咧、见面不寒暄直接谈合同的人进行沟通吗？你能够放心地把合同交给这样的人吗？

对方经理连四分钟的时间都没有给小王，但他却正确地解读了小王这个人——办事毛糙、毫无礼仪、不适合做细致的工作。我们可以肯定，小王自己也不愿意给对方留下这样的印象，但是他的言行却明白无疑地告诉对方：我不是你心目中理想的谈判对象。

我们不要小看这四分钟印象，虽然时间很短，但它在对方心里留下的印记却很深，既不容易改变，也不容易消除。像上面例子中的小王，即使他下一次衣着整洁、彬彬有礼地去见这位经理，这位经理依然可能拒绝和小王合作，这就是四分钟印象的顽固之处。

说到四分钟印象，当然不得不说“第一印象效应”。第一印象效应是指最初接触到的信息所形成的印象对我们以后的行为活动和评价的影响，实际上指的就是第一印象的影响。第一印象效应是一个妇孺皆知的道理，为官者总是很注意烧好上任之初的“三把火”，平民百姓也深知头一次见面的重要性，每个人都力图给别人留下良好的第一印象。

一位心理学家曾做过这样一个实验：试验者让两个学生都做对30道题中的一半，但是让学生A做对的题目尽量出现在前15题，而让学生B做对的题目尽量出现在后15道题，然后让一些被试对两个学生进行评价：两相比较，谁更聪明一些？结果发现，多数被试都认为学生A更聪明。

心理学家认为，第一印象主要是指性别、年龄、衣着、姿势、面部表情等“外部特征”。一般情况下，一个人的体态、姿势、谈吐、衣着打扮等都会在一定程度上反映出这个人的内在素养和其他个性特征。比如，一个暴发户，不管他怎么刻意修饰自己，他的举手投足之间都不可能有学者的儒雅，他总会在不经意中“露出马脚”，因为文化的浸染是装不出来的。

也许有人会说：这不是以貌取人吗？人的相貌是父母给的，人的衣着是社会地位决定的，天底下胸中有雄才大略而貌不惊人的才子太多了，为什么要这么强调第一印象呢？难道就不能“路遥知马力，日久见人心”吗？

这话固然不错，但是在快节奏、高压力的现代社会，你不注意第一印象，就会白白丧失很多机会。“路遥知马力，日久见人心”用在我们自己身上是没问题的，你可能会通过一段时间去观察、考察一个人，但是，你能保证你结交的每一个对象都会这样做吗？你能保证他们会给你充足的时间让你表现自己吗？

所以，在不确定对方是否重视第一印象的时候，要给对方留下一个好印象。在与他初次见面时，注意自己的形象，是确保自己不被忽视的必然选择。

怎样才可以为自己塑造一个令人难忘的第一印象呢？

首先，我们必须忠于自己，切勿随便模仿别人的动作和形态。相信自己的能力和才干，便会产生一种自然的力量和信心。有了信心，个人的形象便自然地显得积极、进取、努力和上进。又因为有了信心的关系，便可抛开一切得失的牵挂，没有了过急的心情，面部表情便显得自然而温和。于是，自大和自卑便可减少了。

如果要参加一个约会，最好先做些准备，研究一下客人的情形，例如他的家庭、兴趣、才干和困难，以至他公司的业务、人事组织等情况。有一位成功人士谈及早年做见习员的事，本应是十五分钟的会谈，他却谈出了九十多分钟。这位朋友在见面之前，掌握了公司的优点和缺点，便来个反客为主，向老板询问公司的前途。任何老板，都有兴趣聆听别人改善的意见，一谈之下，两人彼此感觉十分投合，这位朋友在短短几年间，由见习员而跃到总裁。有了大概的印象后，紧张的心情自然变得和缓，又因为熟悉了别人的背景，心态自然变得主动和灵活。于是，在言谈中，便流露出你的关心和诚意。这样，客人的心，便易于开启。

参加约会的第一要则，便是准时。到的时候，不能稍迟，而且，既定的约会时间到了，一定要离去，除非客人允许你多作逗留，一方面要尊重别人的时间，另一方面又可显示出你的时间有限。商界人士，最忌讳的便是遇上了一个采用“缠”字诀的人，如果你养成了这个不知进退的坏习惯，将会很快被排斥。所以，一定要遵守时间。

有些情形，需要我们做出明确的决定，方可建立一个好的形象。例如到了客户的办公室，发觉客人的工作太忙，未能即时接见，秘书小姐往往招呼稍候片刻。但千万要记着，切勿滞留过久。一旦等得太久，秘书小姐会轻视你，而且自己的信心又受到无限的摧残。既然客人不能即时接见，你应该借故离开，另行再约会面的时间。

在见面前，应为自己做一番检查整理。头发是否长度合适，有没有被风吹乱？面部的油和灰尘是否过多，是否给人一种风尘仆仆的感受呢？衣服是否整齐、清洁和合身呢？同时，也要注意颜色的搭配和款式潮流等等。衣着之道，未必一定要高级名贵，只要大方整齐和清洁便可以。除了衣服之外，我们的鞋子亦非常重要。一位有经验的人事部主管告诉我：“如果你想知道该人是否细心和清洁，不要单看他那擦得光亮的鞋子，要留意他的鞋边，是否藏有污渍。”

见面的时候，一定会握手的。这是一种重要的礼节。所以，我们的手非常重要。指甲一定要修好，保持清洁，同时又要注意手汗，免得造成令人反感的尴尬场面。离去的时候要握手道别，以增加因接触而产生的感情。

两人见面时，一定要挂上一丝微笑。微笑是一项重要的武器，是无坚不摧的。微笑不但令人温暖，又可将初次见面的紧张心情减去。除了微笑之外，我们的态度又要友善、热情和诚恳，和人交往，要保持一种不卑不亢的态度，切勿因别人太成功而将自己的头和腰弯得太低，握手的时候，手要有力和热情，但要适中，不要将人握得太痛和不肯放手。

进入正题之前，可以略作寒暄，但寒暄的时间，最多只可维持15分钟。你要足够主动，要求谈论正题。在倾谈之前，最好能避免一种敌对的阵势，例如和客户相隔着办公桌对话之类。如果要营造一个合作的、有商量的气氛，最好能招呼客户坐在你身边，又或移近客户，并排而坐。既然你的要求普通而合理，客人亦乐得顺从。而且，这类小小的要求，可产生一种令人听从你的效果。

话到正题之后，一定要认真、大胆地摆出事实和例子，说话要直接有力，略带专家的口吻，如果你不是专家，客户又哪有时间和你周旋呢？谈话中的资料，一定细心地记载下来，写点笔记，显出你的认真态度，主题谈完之后，应该立刻离开客户的办公室，另行再约下次见面的时间。

以上的几种方法很简单，多练习便成了。可以和镜子、妻子、同事或朋友练习，互相扮演不同的角色来操练，如果你有条件的话，试试将一切的见客过程，用录像机记录下来，看看自己不合格的地方吧。

第八章

大格局不是冒进，但不排除冒险

1.不赌不会输，但也不会赢

有人说，人生就是一场豪赌，要么成功，要么失败。只有敢于做赌徒才能成功，但因为害怕失败而放弃创业的，也大有人在。很多人还没开始，就想到将来失败后的结果，想到创业有多难，担心自己高昂的激情换回空空的行囊。

赌有赢有输，不赌不会输，但也不会赢。成功者为了实现个人梦想，敢于做赌徒，也正是因为有这种冒险精神而取得成功。

经商创业其实就是一场“赌局”，在这场赌局里，敢赌的人永远能冲在最前面，成为最先拿到“面包”和“票子”的“先富起来的一部分”。

史玉柱的赌性大家都是知道的，当年他在深圳开发M-6401桌面排版印刷系统。有一次，他身上只剩下了4000元钱，但是，他却向《计算机世界》定下了一个8400元的广告版面。史玉柱唯一的要求就是先刊广告后付钱，他的期限只有15天。前12天，他分文未进，第13天他收到了3笔汇款，总共是15820元，两个月以后，他赚到了10万元。收到这10万元，他并没有揣进自己的腰包，而是全部做了广告费。4个月后，史玉柱就成了百万富翁。难以想象，要是15天过去之后，收来的钱还不够付广告费，史玉柱该怎么办？后来提起这件事情，史玉柱笑着说："其实我也不知道我能不能在15天内拿到订单，付清广告费；我只知道，看准了就要赌一把，要敢于做赌徒，没有什么好怕的。幸运的是，那次，我赢了。"

想常人之不敢想，做常人之不敢做，这就是成功人士的"赌性"。

1993年，李书福去某大型国有摩托车企业参观考察，看见摩托车产销两旺的势头，就向该企业老总提出为他们做车轮钢圈配件。对方一听，笑道："这种高技术含量的配件岂是你们民营厂能完成的？该做什么还做什么去吧！"不信邪的李书福憋着一肚子气回到公司，大胆提出要自己制造摩托车整车，周围一片反对声。连他的亲兄弟都笑他不自量力："车祸死了人，有你好看的。搞不好千年砍柴一夜烧。"

李书福决心已下，但他马上就遭遇"红灯"——他没有摩托车生产许可证，到处求情均以碰壁告终。最后他决定"绕道"而行，以数千万元的代价收购了浙江临海一家有生产权的国有摩托车厂，"借船出海"。只用了7个月的时间，吉利就开发出了大陆同行一直没有解决的摩托车覆盖件模具，并率先研制成功四冲程踏板式发动机。接着又与行业老大"嘉陵"强强联合，生产"嘉吉"牌摩托车。不到一年，又开发出中国第一辆豪华型踏板式摩托车，很快便替代了日本和中国台湾的同类产品。此后，他的摩托车不仅一直占据国内踏板车销量龙头地位，还出口美国、意大利等32个国家和地区。

1999年，吉利摩托车产销43万辆，实现产值15亿元，吉利集团也因此赢得“踏板摩托车王国”的美誉。李书福敢想敢做、勇于创新的创业路子，再次取得巨大成功，从市场上得到丰厚的回报。

在福布斯富豪们看来，不能只盯着可能存在的风险而裹足不前，应该具备“没有金刚钻，也敢揽瓷器活”的勇气。不能冒风险的人，必将一事无成。很多生意人身上具有赌徒的性格，这并不是坏事情。商海无情，一个商人无时无刻不在跟自己赌，跟市场赌，跟客户赌，跟对手赌，这样的赌是最能看出一个商人的秉性的。

2.愿赌服输是一种风度

在创业的路上，面对最直接的利害得失，我们必须敢于做出自己的选择，表达自己的态度，并且承受因我们的选择而带来的后果。

一个人成功的关键是胆量和勇气，如果没有胆量和勇气，就不会拥有一切。人生也是一场赌局，愿赌服输是一种风度，一种境界。既然选择了，就必须赌下去，不能患得患失、瞻前顾后，更不能因此而失去理智、迷失心性。

如果想做生意，想闯荡商海，没有一点胜败自如的洒脱，是难以承受商海的风雨的。人生的输赢，不是一时的荣辱成败所能决定的，今天赚了，不等于永远赚了；今天赔了，只是暂时还没赚。任何时候，过人的胆识和胸怀都是一个人最重要的品质，坚持到底就是胜利，做生意是这样，做人是这样，做任何事情都是这样。只有如此，才能禁得起经济战场中的枪林弹雨，成为活着出来的那一个，成为发家致富的“王者”。

真正的勇气就是秉持自己的意见，不管别人怎么说。只要你确定自己是对的，就坚持你的信念，无怨无悔。

胆大，可能有风险，也可能没有风险，但收益可观；胆小，没有风险，也没有收益。换句话说：胆大是向死而生，胆小是慢慢等死。所以俗语说“撑死胆大的”。如果你是“胆小”

的呢？虽然不一定真的会被饿死，但其一生充其量也只是忙忙碌碌地找饭吃，不会有太大的成功。事实也一再证明，成功者都是“胆大包天”的。

日本三洋电机的创始人井植岁男讲过这样一个真实的故事：

一天，他家的园艺师傅对他说：“社长先生，我看您的事业越做越大，而我却像树上的蝉，一生都坐在树干上，太没出息了，您教我一点创业的秘诀吧。”井植点点头说：“行！我看你比较适合园艺工作。这样吧，在我工厂旁有2万坪（约6.6万平方米）空地，我们合作来种树苗吧。”“树苗1棵多少钱能买到呢？”“40元。”井植又说，“100万元的树苗成本与肥料费用由我支付，以后3年，你负责除草施肥工作。3年后，我们就可以收入600多万元的利润，到时候我们每人一半。”听到这里，园艺师却拒绝说：“哇，我可不敢做那么大的生意！”最后，他还是在井植家中栽种树苗，按月拿工资，白白失去了致富良机。

人们常常会用“有胆量”这三个字来说明敢想敢干、敢作敢当的精神。在复杂的社会生活中，我们需要面对许许多多的问题和矛盾。处理这些问题，解决这些矛盾，需要有经验、有智慧、有谋略、有才干；同时，还有一样东西也是必不可少的，这就是胆量。

所谓胆识即超前意识。拥有超前意识可以说是那些成功富人们的共同特征。由于具有超前意识，人们才拥有敢想敢干的精力和魄力，才能赶在时代的前面。

3.没有风险，就没有成果可言

世界上任何领域的一流好手，都是靠着勇敢面对他们所畏惧的事物，冒险犯难，才能出人头地的。有风险才有收获，没有风险的社会，就没有成果而言。

《新约·马太福音》中有这样一个故事，国王远行前交给三个仆人每人一锭银子，并让他们在他远行期间去做门生意。国王回来后，把三个仆人召集到一起，发现第一个仆人已经赚了十锭银子，第二个仆人赚了五锭银子，只有第三个仆人因为怕亏本，不敢冒险，什么生意也不敢做，最终还是攥着那一锭银子。于是，国王奖励了第一个仆人十座城邑，奖励了第二个仆人五座城邑，第三个仆人认为国王会奖给他一座城邑，可国王不但没有奖励他，反而下令将他的一锭银子没收，奖给了第一个仆人。国王说："少的就让他更少，多的就让他更多。"这个理论后来被经济学家运用，命名为“马太效应”。

冒险是投资理财的必备因素，一点险都不敢冒的人是注定发不了财的。

要做吃螃蟹的人，是很危险的，但企业要发展，就必须争取成为第一个。

对一个白手致富的人而言，他的财富多少都得靠“拼”“搏”，因为任何利润，必然伴随着风险。

《福布斯》富豪中很多人都是靠“把所有鸡蛋放在一个篮子里”获取财富的，他们敢冒风险，因此能够领略无限风光。

成功心理学指出，当一个人能够控制恐惧，他便能控制自己的思想与行动。他的自控力能让他在纷乱的环境下，仍然处变不惊，并能无惧于后果的不确定性，而做出该做的决定。当结果并不如所愿，他随时准备承担失败的后果。这种临危不乱的勇气与冒险的精神，正是成功者必备的素质。勇于冒险的富豪们，并非不怕风险，只是因为他们能认清风险，进而克服对风险的恐惧。勇气源自于控制恐惧，而培养冒险精神始自于了解风险。

一个成功的人，一定要先摒除规避风险的习惯，重新拾回失去的冒险本能，进而培养一种健康的冒险精神。的确，积习已久的避险习惯，想在短时间内改变过来，谈何容易。但是，既然冒险是成功致富不可或缺的要素，也是走向成功的第一要务，就应该克服恐惧，强迫自己冒险。培养健康的冒险精神，勇于投资在高期望报酬的投资标的上，并承担其所伴随的高风险。

世界上任何领域的一流好手，都是靠着勇敢面对他们所畏惧的事物，冒险犯难，最终出人头地的。而一些靠投资致富实现梦想的人，也都是以冒险的精神作为后盾。处处小心谨慎，则难以有成；缺乏冒险精神，梦想将永远都只是梦想。

每个追求财富的人都应具备承担风险的能力。善于冒险，这是一个褒义词，许多富豪都是这样的。在他们看来每一次风险都含着等量的成功的种子。风险越大，回报越高。

在相当长的一段时间里，“投机”这个词是贬义词。现在不同了，经济学家们给“投机”换上了一个恰如其分的雅称，名之为“风险管理”。这个名称一改，商人也由原来的“投机家”变成了“风险管理者”。

确实，富豪们长期以来不仅是在做生意，而且也是在“管理风险”，其生存本身也需要有很强的“风险管理”意识。他们不能干坐着等金融危机之类的厄运到来，也不能毫无准备地使自己措手不及。所以在每次“山雨欲来风满楼”时，他们都能准确把握“山雨”的来势和大小。这种事关生存的大技巧一旦形成，用到生意场上去就游刃有余了。有不少时候，富豪们正是靠准确地把握这种“风险”之机而得以发迹。

盛大集团创始人兼总裁陈天桥以50万元启动资金和20名员工为基础，创立了盛大网络有限责任公司，背水一战，却取得了今天的财富与地位，不得不说是冒险之后得到的硕果。陈天桥能一次次成功，就是因为他算得比别人精，比别人准，也比别人更有耐心，付出更多的努力，也就能积累比别人更多的财富。

风险和利益的大小是成正比的。如果风险小，许多人都会去追求这种机会，因此利益也不会很大。如果风险大，许多人就会望而却步，所以能得到的利益也就大些。从这个意义上来说，有风险才有利益。可以说，利益就是对人们所承担的风险的相应补偿。

有风险才有诱惑，没有风险的社会，就没有成果而言。

自有文字记载以来，冒险总是和人类紧紧相连。虽然火山喷发时所产生的大量火山灰掩埋了整个城镇，虽然肆虐的洪水冲走了房屋和财产，但人们仍然愿意回去重建家园，继续生活。飓风、地震、台风、泥石流等自然灾害都无法阻止人类一次又一次勇敢地面对重建的风险。

当我们横穿马路的时候，实际上总是有被车撞到的危险；当我们在海里游泳的时候，也同样有着被卷入逆流或激浪的危险。尽管统计数字表明，坐飞机比乘汽车要安全一些，但我们的每一次飞行仍然包含着冒险。毕竟我们依赖于飞机牢固的构造及其良好的性能。如果不是由自己驾驶的话，我们还必须寄希望于飞行员和整个机组。总之，任何地方的旅行都潜藏着冒险，小到丢失自己的行李，大到作为人质，被劫持到世界上某个偏僻的角落。

事实上，我们总是处于这样那样的冒险境地，因为我们别无选择。我们必须横穿马路才能走到另一边去；我们也必须依靠汽车、飞机或轮船之类的交通工具，才能从一个地方到达另一个地方。

每个人在每一天都面临危险，除非我们永远扎根在一个点上原地不动。的确，当冒险的结果不太令人满意的时候，总有人会说："还是躺在床上保险。"很多失败者从来不愿去冒险，似乎习惯于"躺在床上"过一辈子。

"千万要小心谨慎从事"，许多人都是在这样一种敦促、提醒、告诫的语言环境中一点点长大成熟的。正因为周围环境时时刻刻存在着这样的善意提醒，使得一般人很难挣脱原有束缚去冒一把险。

许多人从不考虑成为一个为自己打工的业主，因为那"太冒险了"。接受大公司的职位是他们的选择，似乎其中不存在某天被解雇的风险。许多人一心只想着"干活——拿工资——花钱"，要公司"关心"他们的生活。这就是理想的低风险的工作。但是，他们错误地估计了这门职业，有朝一日，大多数人会从他们的职位上消失掉。

工作和生活永远是变化无穷的，我们每天都可能面临改变，新的产品和新的服务不断上市，新科技不断被引进、新的任务被交付，新的同事、新的老板……这些改变，也许微小，也许剧烈，但每一次的改变，都需要我们调整心态，重新适应。

面对改变，意味着对某些旧习惯和老状态的挑战，如果你紧守着过去的行为和思考模式，并且相信“我就是这个样子”，那么，尝试新事物就会威胁到你的安全感。

如果你根本没有仔细想过去冒险，那你就只能待在原地，安于现状，既不能后退，也不前进。你的日子很可能过得呆板、懒散。

我们既然有成为成功富人的欲望，却不敢冒险，怎么能够实现伟大的目标？冒险与收获常常是结伴而行的。风险和利润的大小是成正比的，巨大的风险能带来巨大的效益。险中有夷，危中有利。要想有卓越的成果，就要敢冒风险。

4.创业虽然充满了冒险，但绝不是盲人摸象

从科学规划的角度来看，创业实践首先是一次科学规划的探险游戏，有规划才是成功创业的前提条件。创业行动，规划先行。创业规划虽不是万能的，但却能大大提高成功的概率，一个创业的成功者不是在所有的时候和任何商机面前都不会失败，而是能够把握大多数的商机。

中国最著名的创业者史玉柱先生，从做脑白金开始起家，3年多时间使销售达到10亿元以上，之后其推出另一个保健品黄金搭档，依然在3年内实现高额盈利。如果说上述两个属于相关产业的成功模式的复制，那么2004年进入网游产业，并在3年后在美国纽约证交所上市，可以说是成就了另一个产业的创业神话。如今，黄金酒再次撼动市场，力图打造一个高端的礼品养生保健酒品牌。他在项目的运作上，许多方法如出一辙。

还有携程四君子，几乎都进入了风险投资领域，其中之一的季琦先生利用携程网的成功，继而又进入经济性酒店，如家成功上市后，再次成功地运作了汉庭酒店。

而世界上最负盛名的投资人孙正义投资了包括盛大网络、阿里巴巴、新浪、网易、8848、当当网、淘宝、顺驰不动产、分众传媒等著名的企业，许多都获得了成功。

近5年来，国际风险投资机构的进入和大力度投资、中国民营资本创业基金的发展，都给本地创业成功带来了新的机遇。从本质上说，风险投资机构虽然不能够全面介入企业的运营，但是却能够在战略和历程上进行规划和指导，甚至在后段进行帮控，由于一个风险投资机构具有多个行业众多企业的投资经验，因此其帮助企业成功的能力是非常强大的。

对于许多成功的创业者而言，结合过去的创业经验和运作方法，对新的创业项目进行运作无疑更加得心应手，并且增加创业成功的概率。草根创业者如果能够接受系统的创业实践管理教育，那么成功的概率将会大大提升，反之，创业失败的概率会增加。

(1) 创业要有承担风险的意识

创业最大的风险是什么，最坏的结果是什么，我是否能承受？一般人开始创业时都是只想到乐观的一方面，公司一开张，几个月内如何赢利、回收资本。但对风险的出现缺乏一定的心理准备、应对举措。一位成功的企业家曾说过，创业时要从最坏的结果打算，你能承担多大的损失、支撑多长的时间，如何应对创业瓶颈阶段，才是最重要的。做企业，产品开发风险、市场风险、资金回笼风险、供货商的风险等时刻围绕着你的周围，必须时刻保持清醒的头脑，防患于未然。

(2) 经营管理能力最重要

很多人在创业的时候，手里至少都有一两个项目才开办公司。经营赚钱的能力是最重要的，只要有非常出色的经营能力，自然会找到投资者，很多投资家天天都在找好项目投资。

这个时期，创业者个人的能力非常重要，事无巨细，都要自己亲自动手，创业不是一件很轻松的事情。在创业者的个人能力中业务能力、开发客户能力、综合应变能力十分重要。创业者其实很多时候就是一个业务经理，能够拿到订单什么都好办了。很多创业成功者，都是做业务出身。有了客户，有了订单，事情自然都变得容易了。

(3) 创业要有足够的资源

很多人在初次创业的时候，资源都是十分欠缺的。资源不足，使企业创业成功的概率降低，但要有完全充分的资源也是不可能的。在资源具备上，一般来说，要符合两种条件：一方面是要有进入一个行业的起码的资源，另一方面是具备差异性资源。如果任何条件均不具备，创业成功的可能性就很小。

创业资源条件主要包括几个方面：业务资源：赚钱的模式是什么；客户资源：谁来购买；技术资源：凭什么赢取客户的信赖；经营管理资源：经营能力如何；财务资源：是否有足够的启动资金；行业经验资源：对该行业资讯与常识的积累；行业准入条件：某些行业受到一些政策保护与限制，需要进入资格条件；人力资源条件：是否有合适的专业人才。

以上资源，创业者也不需要100%的具备，但至少应具备其中一些重要条件，其他条件可以通过市场化方式来获得。创业者如有足够的财务资源，其他资源欠缺也可以弥补；如果有足够的客户资源，其他资源的欠缺也容易改变。

5.唤醒你的“野心”与激情

创业就是一场心理上的硬仗，在这条充满荆棘的道路上，有两把开辟事业的斧头是我们必须具备的，只有拥有了它们，创业才有可能成功，那就是野心与激情。

比尔·盖茨是电脑世界的显赫人物，其实其独特的性格也许早就注定了他的非同寻常。盖茨是个典型的工作狂，无论他做什么工作，都充满难以想象的激情，这种品质从他中学时期就已表现得淋漓尽致。无论是在电脑房钻研电脑，还是玩扑克，他都是废寝忘食，不知疲倦。上大学时，扑克和计算机消耗了盖茨的大部分时间。后来，当他在阿尔布开克创业时，除了谈生意、出差，盖茨就是在公司里通宵达旦地工作。一位曾到过盖茨住所的人惊讶地发现，他的房间中不仅没有电视机，甚至连必要的生活家具都没有。对盖茨来说，不论什么事情他都会以全部激情，倾入所有的心血去完成。

可见，要取得重大的成就，除了辛勤的汗水，还要有野心、激情，以及对自己事业的热爱。

今天我们都在使用的傲游浏览器就是胡彦祺带着三个人的

创业团队发展起来的。

刚毕业的胡彦祺面对创业这条道路，他做了最坏的打算，做好了吃苦的准备。他和他的团队几乎每天工作15个小时，从早上9点一直到第二天凌晨1点，甚至很多时候，他和他的团队为了赶一个项目，直接打地铺住在不到20平方米的小办公室里……

有人问到他如此工作的动力是什么？他的回答是："我们并没有感觉到累，因为这是我们的事业，能为自己的梦想去奋斗的人是幸福的，所以我们是幸福的，既然选择了创业的道路，就意味我们放弃了安逸舒适的生活，必须面对困难、压力、挑战，等等，必须全力去拼，以高效的工作度过创业初期最艰难的时刻。"

胡彦祺带领他的团队以过人的敬业精神和超强的执行力击败了竞争对手，赢得了一个又一个客户，并在高校学生心目中树立了良好的口碑。胡彦祺带领下的傲游科技也成为中国联通、中国电信、大商集团、中国银行等众多企业的长期战略合作伙伴。

如今，胡彦祺的傲游科技已经从一开始的3个人发展到了20个员工，从一开始20平方米的小办公室发展到了160平方米的大办公室，公司在他和团队的努力下，稳步发展。虽然在别人看来，作为一个大学生创业者，胡彦祺已经很成功了，但他并没有被暂时取得的成绩冲昏了头脑，他清楚地意识到创业的路还很长，还会遇到很多困难，随时有可能倒闭。在公司里，他最常提到的一句话就是："我们的前途很光明，但道路很曲折！"

胡彦祺的成功源于对项目的充分自信，他总是以充满激情的心情开始每一天的工作。保持一段时间的激情不难，难的是每一天都有激情。不少创业者都是充满希望地走上创业路，却失望地离开。前进的道路是曲折的，能够在创业的道路上保持长期旺盛的创业激情，等于奠定了成功的基础。

任何持久不衰的激情都是需要理由的，具体到创业中的激情，这个理由无疑是对事业的野心。拿破仑说不想当将军的士兵不是好的士兵；同样，不想成就一个伟大企业的创业者是不会获得大发展的。

56岁的高明良在2001年6月接手了厂房破旧的铜关粉皮厂。这是一个设备老化、工艺落后、产品单一难销、年年亏损的烂摊子。但是高明良在承包下来的时候就怀着自己的野心：不仅要生存下去，还要干出大名堂。

面对如今市场上的方便面没有太多营养的现状，他决定以本地丰富的小米、高粱、绿豆等为原料，购置现代化生产设备，搞出中国的杂粮快餐面。

终于，具有浓郁地方特色又符合现代生活节奏的中国快餐杂粮面在一个名不见经传的民营企业诞生了。他们的目标就是要与方便面叫板。从营养上，它是多种杂粮合成，具有谷氨酸、甘氨酸、丙氨酸等10多种微量元素。从保健角度看，它还含有杂粮中的清热利尿、涩肠养胃，补肾降压等功效。从口感上，它具有手擀面的筋道，其调味料也不次于方便面。价格上，它属于大众食品，贫富皆可。产品外观、包装，也达到了应有的档次。没有油炸，不破坏营养，不产生有害物质，是近于天然卫生的绿色食品。

这种产品从潜在市场前景看，有可能从方便面的补充地位，升为第二代产品，或叫换代产品，也可能在快餐食品中引领时代新潮流。

野心和高远的目标，使他们一开始就摆脱了只求生存、挣点小钱的小家子气，而立足于傲视同行业的高起点，从而才走上既从眼前出发又着眼于长远的广阔前程。当然，目标高远，不是盲目地自吹自擂，不是不顾实力地硬干，其底气来自于科学的市场调查、匠意的独创和一丝不苟的经营。为此，这个“乡土绿色食品有限公司”聘有高级技术人员6人，员工85人，占地1.9万平方米，总资产680万，购置两条自动生产线，先后开发出了小麦淀粉、纯绿豆粉皮、五谷面、快餐粉条、多味快餐粉丝、豆类特产、绿豆乳等20个系列产品。

野心，是成就一个伟大企业的前提。一个成功的企业领导者会心胸宽广、不计小事，这是因为他对企业发展有宏伟的志向和野心，没时间在意那些小事。野心够大，你也就有了容天下的胸襟，于是你更能容人之短，用人之长，在企业发展中广得人和；野心够大，你也就有了不懈奋斗的动力，于是你可以吃得下别人不能吃的苦，吞下别人不能忍受的泪水；野心够大，你也就有了鸿鹄般的志向，于是你可以把握趋势不断前进，获得无数掌声鲜花……你所有的成功都是根源于你那颗不安分的心。所以人们常说，心有多大，舞台便有多大，要创业首先要有一颗野心。

6.机遇不等人，把自己“推销”出去

很多人由于传统观念的根深蒂固，有一种极其矛盾的心态和难以名状的自我否定、自我折磨的苦楚。在自尊心与自卑感冲撞下，他们一方面具有强烈的表现欲，另一方面又认为过分地出风头是卑贱的行为。但在竞争激烈的今天，想做大事业，必须放弃那些不痛不痒的面子，更新观念，大胆地推荐自己。

常言道：“勇猛的老鹰，通常都把它们尖利的爪牙露在外面。”巧妙而适度地推荐自己，是变消极等待为积极争取，加快自我实现的不可忽视的手段。精明的生意人，想把自己的商品推销出去，总得先吸引顾客的注意，让他们知道商品

的价值。

要想恰如其分地推销自己，就应当学会展示自己，最大限度地表现出自己的优势。给人生的每个阶段一个合理的定位，然后信心十足地为自己创造全方位展示才能的机会。

对于一个刚刚毕业的大学生来说，一定要学会推销自己。如果你和其他同期毕业生一样，只会散发履历表，墨守成规地做事，绝不会有什么出人意料的经历。如果你想短期内就有好消息，你就必须另辟蹊径，敢于推荐自己，对于那些已经工作并有了一定事业基础的人来说，建立一个受公众欢迎的形象是一种长期投资，对事业的长远发展具有不可估量的价值。其中，采用主动引起他人关注的方法就是一种捷径。

我们之所以要主动推荐自己，引起别人的关注，主要是因为机遇是珍贵的、可遇不可求的、稍纵即逝的，如果你能比同样条件的人更为主动一些，机遇就更容易被你掌握。因此，主动出击是俘获机遇的最佳策略。另外，世界上总是伯乐在明处，“千里马”在暗处，并且“千里马”多而伯乐少。伯乐再有眼力，他的精力、智慧和时间都是有限的，等待可能会耽误你的一生。

既然我们都知道“守株待兔”的行为是愚蠢的，那么我们就没有必要去坐等“伯乐”的出现，而应该主动寻找伯乐。更值得注意的一点是，时代在前进，岁月不饶人，新人辈出，每个立志成才者都应考虑到自己所付出的时间成本。一次机遇的丧失，便可导致几个月、几年甚至是一辈子年华的错位。明白了这个道理，我们就会有一种紧迫感，在行动上更多几分主动，以便有更多的机会，使更多的人来注意自己。

但是，毛遂自荐对很多人来说并不是一件容易的事情，这是需要一定的胆识和勇气的。不自信、害怕失败的人是不敢尝试的。只有具备勇气的人才能获得成功。

世界歌王帕瓦罗蒂到中国来的时候，去北京中央音乐学院做访问。学生都在争取机会，以求能在这位歌王面前一展歌喉。要知道，这可是一个难得的机会，哪怕是得到歌王的一句肯定，也足以引起中外记者们的大力宣传，从而加快自己在歌坛的发展。在学院的一间教室里，帕瓦罗蒂正耐心地听学生演唱，不置可否。正在沉闷之时，窗外有一男生引吭高歌，唱的正是名曲《今夜无人入睡》。听到窗外的歌声，帕瓦罗蒂的眉头舒展开了："这个学生的声音像我。"接着他又对校方陪同人员说："这个学生叫什么名字？我要见他！并收他做我的学生！"这个在窗外唱歌的男孩就是从陕北山区来的学生黑海涛。以他的资历和背景，难以有机会面见到帕瓦罗蒂，他只能凭借歌声推荐自己。后来，在帕瓦罗蒂的亲自安排下，黑海涛得以顺利出国深造。1998年，意大利举行世界声乐大赛，正在奥地利学习的黑海涛又写信给帕瓦罗蒂。于是，帕瓦罗蒂亲自给意大利总统写信，推荐他参加音乐大赛，黑海涛也不负期望在那次大赛上获得名次。黑海涛凭着他那敢于推荐自己的勇气和不断努力的精神，在他的音乐道路上取得了非凡的成就。

这似乎是一个奇迹，但这个成功的例子也足以让一些怀才不遇的人沉思：机遇稍纵即逝，善于推荐自己很关键。著名数学家华罗庚也曾说过：“下棋找高手，弄斧到班门。”他认为，应敢于在能人面前表现自己，敢于和高手“试比高”。当他在乡镇小店里自学时，就敢于对大数学家苏家驹的理论提出质疑。正是凭借这种可贵的精神，他早早地闯进了数学王国的神秘宫殿。

机会可遇不可求，机会在很多时候是由我们主动争取的，那些不敢也不愿意推荐自己的人，往往会与机会失之交臂。所以，如果你是一个真正有才华有特长的人，关键的时候大可不必过分“压制”自己，要适时做好自我推荐，以求得发展的机遇。

7.越早开始投资，便越早达成致富目标

生活中人们都有这样的感觉：钱再多也不够花。为什么？因为“坐吃”必然带来“山空”。试想，一个雪球，放在雪地上不动，只能越来越小；相反，如果把雪球滚起来，就会越滚越大。

金钱是包装起来的能源——让它流动吧！金钱就是你可以用最适合携带的形式来消化的个人能源。这种能源是独一无二的，你可以将它送到遥远的地方，去完成一个你信赖的计划；同时你可以待在家里做你最喜欢的事。你可以说，金钱是一种可即刻浓缩的能源……你只要加进一点爱，并将它送到该送的地方。

俗话说得好，“有钱不置半年闲”，“家有资财万贯，不如经商买卖”，“死水就怕勺来舀”。试想，一个雪球，放在雪地上不动，只能是越来越小；相反，如果把雪球滚起来，就会越滚越大。

通常，对于富人能够致富的原因，穷人的想法比较负面：富人致富的原因是运气好或者他们从事了不正当或违法的行业；较正面的看法是富人比穷人更努力或是他们能够克勤克俭。但这些人万万没想到，真正带给他们财富的，是富人的理财智慧。穷人与富人的投资领域不同，富人偏爱以房地产、股

票的方式存放，穷人多数的财产则存放在银行。

维莱丽小姐从11岁就开始投资股市，今天她之所以能靠投资理财创造出巨大财富来，完全是靠近60年的岁月，慢慢地在复利的作用下创造出来，而且自小就开始培养尝试错误的经验，对她日后的投资功力有关键性的影响。

维莱丽小姐20岁时，在哥伦比亚大学就读，在那一段日子里，跟她年纪相仿的年轻人都只会游玩，或是阅读一些休闲的书籍，但她却是大啃金融学的书籍，并跑去翻阅各种保险业的统计资料，当时她的本钱不够又不喜欢借钱，所以买入的股票总是出手过早，尽管因为资金少不能收放自如，但是她的钱还是越赚越多。

1954年，她如愿以偿到葛莱姆教授的顾问公司任职，两年后她跟亲戚朋友集资10万美元，成立自己的顾问公司，该公司资产增值30倍以后，1969年她解散公司，退还合伙人的钱，把精力集中在自己的投资上。如今她已成为了著名的亿万富翁。

越早开始投资，便越早达成致富目标，自己与家人就能越早享受致富的成果。越早开始投资，利上滚利时间就越长。时间充裕，所需投入之金额就少，理财就能轻松且愉快！

起步越晚，每个月所需投入的金额就越多，不然将不能达到同样的目标。

年轻是投资致富的本钱，年轻的人，有资格做以小钱投资致富的梦！若年老之后才开始投资，每个月所需投入的资金，已经大到不是一般人可以负担的程度。总之，投资应趁早，莫等闲，白了少年头；年老再投资，已时不我与了。

虽然对每个人个人财务问题没有精确的金额数字答案，但仍有一些常识性的原则可资遵循。

下面是一些精通理财之道的成功人士的经验之谈。

(1) 确定你的合理支出

要确定现有的收入应该花在哪些地方，至少要收集过去半年的花费记录，然后，按下列的科目分类，分别划入各项开支：

①固定的开支。包括：每月的房屋租金或物业管理费、水电费、煤气费、电话费、取暖费、贷款偿还等。

②非固定开支。包括：每月平均的食物、家庭生活用品、家庭佣工、个人开销、衣物被褥、交通费用支出、家具、设备等以及医疗和牙科疾病费用、娱乐消遣、交际费用、书报费、储蓄和其他支出。

在这里，我们使用了固定支出这一专门名词，但即使是“固定”的，也仍然有可能是变化的。固定支出包括一些基本的决定，在这个意义上说，这些基本决定为其他的财务计划打下了基础，而且，这也是实行财务控制所必需的步骤。

一个人大部分固定支出，在回答下面三个问题后，都可以被确定下来：

a.他应该购买还是应该租赁一套住宅？

b.他应该拥有多少人寿保险？

c.在什么情况下，他应该借或是买某件东西？

对许多家庭来说，有时租借住宅，有时则自行购买。无论租借还是购买，两者各有利弊。这要根据你的具体情况灵活决定。

（2）把钱花在事业上

一个满怀雄心壮志的人，应该为增加自己的成功机会而慷慨地花钱。在获得一定程度的成功之前，他在满足个人享乐方面的开销时，应该像个守财奴一样小气。

这就意味着，他应该尽可能优先考虑摆在他面前的这类开支，例如：参加一个自我提高课程的学习，加入一个有利于自己事业发展的俱乐部，等等；而对另一类花费，如夜生活、赛车、快艇等，则应该十分吝啬。如果他首先考虑满足事业上的需要，那么，其他方面的生活内容也将逐渐丰富起来。

这个有关花钱的忠告，不仅对那些在企业中刚刚起步的人，而且对那些已经顺利进行其事业的人都有指导意义。一个真正希望成功的人，如果他把自己的时间和精力耗费在对他的事业毫无助益的消遣上，那是愚蠢的。那些已经成功的人之所以成功，是因为他们把事业摆在首位。

（3）存一笔应急储蓄

随着一个人年龄的增长，他对家庭所负的责任也逐渐加重。他的孩子、他的家庭日益增加的吃用、医疗、娱乐、交通和接受教育等各方面的开支，都要靠他的收入来满足。他所拟定的最合适的家庭收支计划，可能被一次未曾预料到的突发事故所损害，甚至被永久地毁灭掉。即使他为了防止意外事故给自己上了部分保险，也会因为对飞来的横祸毫无准备而摔倒。因此，对任何一个人来说，都需要应急储蓄，就像一个企业，为意外开销或负债而保持一定的储备金一样。

（4）为未来事业发展投资

一个企业的所有者，或它的经理，总是将所得到的盈利进行再投资，扩大再生产，以发展他的事业。一个人也一样，他的财产增长，取决于他的能力和他是否乐意将他的部分收入进行再投资。这种投资可以采取多种形式：银行存款、一定形式的人寿保险、租金收入、股票、公共债券、终身或临时的商业或企业冒险，等等。

任何一个希望精明地管理资金的人，首先必须对自己所处的财政状况了如指掌。他应该清楚，哪些是自己的，哪些是别人的；他有哪些收入，这些收入用于何处。他了解了这个底细，就可以着手准确地找出他财务中存在的问题，然后采取措施，改善他的财政状况。他的最终目的，应该是收入的增长。

所以，一个明智的人在理财上会长远和现在兼顾，稳妥和灵活兼得，也正因为如此，他的金钱才会在手中成倍增长。

第九章

有大格局的人，道德与智慧并存

1.没有高尚的道德，便没有高尚的品格

一个人智商再高，但如果失去了做人的道德标准，他将失去一切。

人的一生需要源源不断的支持才能成功。如果把人生比喻成要爬越一面两人高、光滑无比、没有什么东西可以成为支点的墙面时，若想获得大成就需要的你亲人、朋友以及其他的支持者，需要下面有人推你、助你，成为支持你的力量，也需要上面有人拉你、提携你。只有这样你才能跨越人生之墙，达到成功境界。

可是我们中的很多人往往是让自己的助力变成了自己的阻力——如果你有很高的德商的话，那身边所有人都会是你的助力；可是当你失去德商的话，你的助力就将成为你的阻力。

据史书记载，商纣王天生神力、异于常人，能够托梁换柱，倒拽九牛，徒手与兽搏斗。此外，他还天赋聪颖，才思敏捷，能言善辩。可见，我们印象中的“暴君”纣王，绝非传统意义上的低智商的“昏君”。

以纣王独有的天赋，本可治理好国家，成就惊天动地的伟业，与祖先商汤、盘庚、武丁等明主一并载入史册，扬名后世。但令人遗憾的是，他的聪明才智未能用到好的地方。

具体表现在他一系列“缺乏德行”的行为中：荒淫无度，宠信妲己，建造“酒池肉林”；凶残成性，创立炮烙、虿盆等多种残酷刑法；残害忠良，就连自己的叔父比干也要“挖心”而后快……

总之，纣王的所作所为人性泯灭，罄竹难书，因而在周武王起兵伐商后，早已恨透纣王的平民和奴隶们纷纷阵前倒戈。纣王见大势已去，便自焚身亡，商王朝也随之覆灭。至此，纣王终于在史册上稳坐“暴君”的头把交椅。

天时、地利、人和这治天下的三大要素商纣王原来都拥有了，但由于自己“德行不够”以致众叛亲离，国破家亡。可悲兮，应然哉！德商是我们的立人之本，是我们成功道路上不可缺少的基石，拥有了较高的德商我们才能拥有自己的人际关系，为成功的人生道路铺上坚实的基础。

欲成功，你需要高的德商；要提高自己的德商，你必须光明磊落、心地纯洁、公正无私、宽厚仁爱。只有这样你才能真正拥有健康、成功和幸福。

没有高尚的道德，便没有高尚的品格，便没有高尚的事业，便没有高尚的命运。我国著名教育家陶行知先生说：“千学万学，要学会做人。”我国古代圣人们也告诉我们：德高才能望重。我国最著名的高等学府清华大学的校训是：自强不息，厚德载物。意思就是说：道德是人生的基础，以后人生发展的每一步，都跟我们是否有高尚的道德有着直接的关系。

隋炀帝杨广也是一个很典型的例子。

杨广是隋文帝杨坚的第二个儿子，年少好学，善诗文，著有文集55卷。开皇元年（公元585年），年仅13岁的杨广被封为晋王，做了并州的总管，拱卫京城。随后，杨广亲率军队统一国家，组织修建畅通国脉的京杭大运河，亲自开拓、畅通丝绸之路，开创科举，修订法律。

不可否认，杨广真的是才华出众。但有才的杨广不免恃才傲物、我行我素，由于缺少道德监控和自我约束，导致他后来做出大逆不道的弑父篡位之举。成为皇帝后，他过度沉迷于享乐之中，无心治国，走上了荒淫无道、自取灭亡的不归路。

唐太宗说过，“以铜为镜，可以正衣冠；以史为镜，可以知兴替；以人为镜，可以明得失。”所以，有才无德之人既让人感到可怕，又让人觉得可惜。这种德商非常低的人虽然不多，可一旦他们掌握了权力便会贻害无穷。

其实，一个人是否能成才、成功，智力因素往往仅占20%，而另外起作用的80%是人格因素。良好的品德是人格的重要组成部分。如果忽略了品德培养和健康人格的构建，就容易出现一些智商很高、成就很小的人，甚至有的智力优秀的人成了“歪才”“邪才”。真正有大成就的人，是道德与智慧并存的。

2.诚实是成功的基石

如果你是个诚信的男人，同事和上司就会了解你、相信你。不论在什么情况下，他们都知道你不会掩饰、不会推托，也不会为自己的行为辩解；他们了解你说的是实话。

那些取得巨大成功的人都有许多共同的特点，其中之一就是——诚实守信。

美国知名的房地产经营家乔治以诚实守信著称，大家都亲切地称他是“房地产大王”。乔治常对人述说他早期的一则故事。

当时他在伊利诺伊州担任房地产业务人员。有一栋房子由他经手出售，屋主曾经告诉他：“这栋房子整个骨架都很好，只是屋顶太老，早就该翻修了。”

乔治第一天带去看房子的顾客是一对年轻夫妇。他们说准备买房子的钱有限，很怕超支，所以想找一幢不需大修的房子。看了之后，他们就喜欢上了它，特别是它的位置，想要马上搬进去住。这时，乔治对他们说：“这栋房子需要花七千美元重新整修屋顶！”

乔治知道，说出这栋房子屋顶的真相，这笔生意可能因此做不成。果然，这对夫妇一听到修屋顶要花这么多钱，就不肯买了。一个星期之后，乔治得知他们去找另外一家房地产交易所，花较少的钱买了一栋类似的房子。

乔治的老板听说这笔生意被别人抢走了，非常生气。他把乔治叫到办公室。老板对乔治的解释很不满意，更不高兴他替那一对夫妇的经济条件操心。

“他们并没有问你屋顶的情况!”他咆哮着说，“你没有责任说出屋顶要修，主动说这个情况是愚蠢的！你没有权利说，结果搞坏了事!”于是，他把乔治解雇了。

假如乔治不能正确认识这件事的话，他当时会想：“我把实话告诉了那对夫妇，真是做了傻事，我为什么要为别人操心呢？我再也不要那样多嘴，把佣金搞掉了。我可真笨!”

但是，乔治希望做个诚实的人——他受到的教育就是要他说实话。他的父亲总是对他说：“你同别人一握手，就算是签了合同，讲的话就得算数。如果你想长期做生意，就要讲公道。”乔治最关心的是他的信用，而不是钱。他当时虽然想要把那栋房子卖掉，但绝不肯因此而损及自己的人格。即使丢掉了职业，他仍然坚信自己唯一的做事准则——就是把所有的真相统统说出来。

乔治向他帮过忙的一位亲戚借了些钱，搬到了加利福尼亚州，在那里开了一家小小的房地产交易所。过了几年，他以做生意公道和说老实话出了名。这样做使他丢了不少笔生意，但是人们都知道他靠得住。最后，他终于赢得好名声，生意做得很兴隆，在全国各地设置了营业处。

一个人之所以能拥有很好的人际关系，是因为他的人格魅力征服了身边的朋友，人们愿意与这样的人成为朋友。你我都一样，都希望能结交诚实、守信、道德高尚的朋友，而不喜欢与小人做朋友。有些人即使与我们偶尔相识，只有一面之缘，也能引起我们的注意，使我们喜悦。他（她）能打动我们，使我们善待他们，原因只有一个——拥有良好的道德品质。

台湾的首富王永庆先生9岁丧父，16岁的时候在台湾南部嘉义县开了他人生第一家米店。王永庆的小店开张后没有多少生意，原因是隔壁的日本米店具有竞争优势，而城里的其他米店又拴住了别的顾客。

于是王永庆先生决定降价销售来吸引顾客。可是当他把米价调到每斗比别人便宜一两块时，他的小店还是没有生意。只有一个人在他那里买米，这个人是他父亲以前的朋友。他对王永庆说："我之所以买你的米，不是因为你的价钱比别人便宜，而是我相信你父亲的为人。"

此时王永庆的米店遇到了极大的困难。可就在这时候，他意识到，店里唯一的顾客是靠死去的父亲吸引来的，这使他想通了一个问题，那就是：顾客买东西更在乎店主为人，而不是价格。当时的大米加工技术比较落后，出售的大米掺杂着米糠、沙粒和小石头，买卖双方都是见怪不怪。可是王永庆当时却把他店里卖的所有的米中的米糠、沙粒和小石头挑得干干净净，每天他自己都要挑到凌晨一两点钟。这个消息传出去，在当地引起了不小的轰动，一来二往，他的米店成为了当地生意最红火的米店。

在一个人的事业发展中，如果能够像王永庆一样，拥有良好的德商，就等于为自己的事业打好了坚实的基础。

在社会生活中，人际关系常常表现为一种感情上的联系和心理上的相互吸引。无论是谁，在社会交往中德商越高，建立起来的人际关系就越好，他的朋友就越多，就越能使自己得到温暖、勇气，增加自己的智慧和力量。

3.信用是个人的品牌

“君子一言，驷马难追”，讲的是做人要守信。一个不讲信用的人，是为人所不齿的。现在的生意场上，公司、企业做广告做宣传，树立公司、企业在公众中的形象，就是想提高公司、企业的信用度。信用度高了，人们才会相信你，和你有来往，愿意合作做生意，你办事也会容易成功。

人无信不立。信用是个人的品牌，是无形的资本。有形资本失去了还可以重新获得，而无形资本失去了就很难重新获得了。所以再困难也不能透支无形资本。

诸葛亮有一次与司马懿交锋，双方僵持数天，司马懿就是死守阵地，不肯向蜀军发动进攻。诸葛亮为安全起见，派大将姜维、马岱把守险要关口，以防魏军突袭。

这天，长史杨仪到帐中禀报诸葛亮说：“丞相上次规定士兵100天一换班，今已到期，不知是否……”诸葛亮说：“当然，依规定行事，交班。”众士兵听到消息立即收拾行李，准备离开军营。忽然探子报魏军已杀到城下，蜀兵一时慌乱起来。

杨仪说：“魏军来势凶猛，丞相是否把要换班的4万军兵留下，以退敌急用。”诸葛亮摆手说：“不可。我们行军打仗，以信为本，让那些换班的士兵离开营房吧。”众士兵闻言感动不已，纷纷大喊：“丞相如此爱护我们，我们无以报答丞相，决不离开丞相一步。”蜀兵人人振奋，群情激昂，奋勇杀敌，魏军一路溃散，败下阵来。

诸葛亮向来恪守原则，换班的日期来到，即毫不犹豫地交班，就是司马懿来攻城也不违反原则。以信为本，诚信待人，终于换来了他在战场上的胜利。

当朋友托我们给他办事时，我们提供帮助是在情理之中。但是，办事要量力而行，不要做“言过其实”的承诺。因为，诺言能否兑现除了个人努力的问题，还有一个客观条件的因素。平时可以办到的事，由于客观环境变化了，一时又办不到，这种情形是常有的事。因此我们在朋友面前不要轻率地许诺，更不能明知办不到还打肿脸充胖子，在朋友面前逞能，许下绝对不能实现的“轻诺”。

当你无法兑现诺言时，不仅得不到朋友的信任，还会失去更多的朋友。

有一个年轻人在银行工作。他过去的老师想开一家公司，却缺少资金，便去问他能不能帮忙贷款。他想：“这是老师第一次找自己帮忙，怎么能拒绝呢?”当即一口答应。可是，他毕竟才刚参加工作不久，还没有足够的资历，老师的贷款请求又不完全合乎规章，所以，当老师租好门面，请好员工，等着资金开业时，他这里却拿不出钱来，情况很尴尬。老师大怒，责备他说：“你这不是捉弄我吗?你即使不想帮我，也不该害我!”他什么都说不出来，只好苦笑。

有些人是不好意思拒绝别人而向他人承诺，而有些人则喜欢胡乱吹嘘自己的能力，随随便便向别人夸下海口，承诺自己根本办不到的事情。结果不但事情没有办成，自己的人缘也搞臭了。

某厂职工小方，经常向同事炫耀自己在市房管所的人际关系，说自己能办房产证，而且花钱少、办事快。开始人们还信以为真，有些急于办理房产证的同事便交钱相托，但时过多日，不见回音，他们问到小方，小方只说："近来人家事儿太多，再等等。"拖的时间长了，同事们对他的办事能力产生怀疑，便向他要钱，他推脱说："谋事在人，成事在天。懂不懂？你的事儿虽然没办成，可我该跑的跑了，该请的请了，你不能让我为你掏腰包吧？"言下之意，钱是不还了。

从此以后，小方的话再也没人信了，以至于人们在闲暇聊天时，只要小方往人群里一站，大伙好像有一种默契似的，始而缄默不语，继而纷纷散去。

既然许下诺言，无论刀山火海都不能反悔——你不能言而无信。所以有些犹豫时干脆不要轻易向人承诺——不轻易向人许诺你可能办不到的事——这是不失信于人的最好方法。

要获得守信的形象并不容易。最要紧的一条是：别答应你无法兑现的事。这不仅是一个主观上愿不愿意守信的问题，也是一个有无能力兑现的问题。一个人经常答应自己无力完成的事，当然会使别人一次又一次失望了。

4.有意识地培养自律精神

在这纷扰的社会中，我们不可能事事都一帆风顺，不可能要每个人都对我们笑脸相迎。有时候，我们也会受到他人的误解，甚至嘲笑或轻蔑。这时，如果我们不善于控制自己的情绪，就会造成人际关系的不和谐，对自己的生活和工作都将带来很大的影响。所以，当我们遇到意外的沟通情景时，就要学会控制自己的情绪，轻易发怒只会造成反效果。

善于自我控制，善于克制自己的感情，约束自己的言语，控制自己的行为，心理学上称“自制性”，或称“自制力”，这是意志品质的一个方面。哈佛的心理学家指出：能够控制自己的人无疑是成功的人，不能很好地控制自己的人，往往要受到他人情绪或行为的影响，从而决定他们的生活中充满着快乐还是悲伤，是高兴还是烦恼，是重视还是轻视。而真正强大的人是不会依赖于外部世界的，他不会把自己的喜悲都表现在自己脸上，不会把内心的平静抛售给繁杂的世事，不会让爱与哀愁左右自己的情感、态度、语言和睡眠，保持身心的和谐与放松，他是自己的主人，他对自己负责，也负得了责。

人常常不能正确识别事情的实质，即便是在冷静的时候，观察人或者事的时候，是很难得到正确的答案的。通常人都是折中处理，都是在一定风险的情况下进行。如果这时候受偏执的情绪的干扰，那就可能出现问题了。很多人在自己混乱的情绪下做了错误的判断。

张伯苓是著名教育家，他长期担任南开大学校长。他责己严格，对学生的要求也是毫不放松。一次上“修身课”的时候，他看到一位学生的手指被烟熏得焦黄，便指责他说：“你看，吸烟把手指薰得那么黄。吸烟对青年人身体有害，你应该戒掉它！”但令他没想到的是，那这位学生反驳道：“您不是也吸烟吗？为什么又来说我呢？”张伯苓被问得说不出话来，憋了一会儿，就把自己的烟一撅两段，坚定地说：“我不抽，你也别抽。”

下课以后，他又请工友将自己所有的雪茄烟全部拿出来，当众销毁。工友非常惋惜，舍不得下手。张伯苓说：“不如此不能表示我的决心，从今以后，我跟同学们一起戒烟。”从那次以后，张伯苓就再也没有抽过烟。

控制自己，不是一件很容易的事情，因为我们每个人心中都存在着理智与感情的斗争。“做自己高兴做的事”，不顾一切地想要达到自己的目的，这并不是真正的对人生和自由的追求。你应该有战胜自己的感情、控制自己命运的能力。一个人如果任凭感情支配自己的语言、行动，那就使自己变成了感情的奴隶。不能自我控制，往往会使自己做出一些错误的举动。

富兰克林是18世纪美国著名的政治家。在工作中，他和沃茨印刷厂的管理员发生了一场误会。这场误会导致了他们两人之间彼此憎恨，甚至演变成激烈的敌对状态。这位管理员为了表现出他对富兰克林一个人在排版间工作的不满，把房里的蜡烛全部都收了起来。这种情形一连发生了几次，最后当富兰克林到库房里排版一篇预备在第二天晚上发表的稿子时，却无论怎样都找不到蜡烛。

富兰克林气得立刻跳了起来，他奔向地下室，将管理员痛骂了一顿。岂料管理员转过头来以一种充满镇静与自制的柔和声调说："呀，今天你显得有些激动，不是吗?"

管理员的话就像一把锐利的短剑，一下子刺进富兰克林的身体。富兰克林赶紧逃离了库房。

当富兰克林回去把整件事情反省了一遍后，他立即看出了自己的错误。坦率说来，他很不愿意采取行动来改正自己的错误。然而，富兰克林知道，他必须为自己刚才的行为向那个人道歉，内心才能平静。最后，他费了很长时间才下定决心，走到地下室，把那位管理员叫到门边："我是回来为我的行为道歉的——如果你愿意接受的话。"管理员听后，脸上立即露出了微笑，他说："凭着上帝的爱心，你用不着向我道歉，除了这四堵墙壁，以及你和我之外，并没有人听见你刚才所说的话。因此，不如让我们把这件事情忘了吧!"

在富兰克林的一生中，这件事情成为一个重要的转折点。富兰克林说："这件事教育我，一个人除非先控制了自己，否则他将无法控制别人。"这也使我们明白了这句话的真正意义："上帝要毁灭一个人，必先使他疯狂。"

自我控制，的确是一种智慧。一个能很好地控制自己的人，可以支配自己的激情，支配自己的命运。而一个人想要很好地自我控制，极其重要的一点就是不能放纵自己的欲望，如果为了寻求眼下的满足，而以牺牲未来为代价的话，那么这种代价所导致的损失将是你终身都无法弥补的。所以，及时地自我控制是非常重要的。

从另外一个方面来看，一个成功的人在与他人交往的过程中，总是习惯性地运用求同存异的智慧，而能够自如地运用求同存异的智慧的人，肯定是一个有高度自我控制能力的人。

自我控制，就是能合理地控制自己的情绪、行为、语言，就是不排斥他人不同的观点、意见、习惯等。要做到自我控制，很重要的一点就是要多思考、多包容，充分运用求同存异的交际艺术，妥善地处理自己与他人的关系，从而获得人生最大的快乐。在与别人交往、相处的过程中，你要时刻记住"求同存异"的概念——就是尊重每一个人的独特性——如果你不允许别人与你不同，那么最终你只能把自己孤立起来。

在平时的生活中，时时提醒自己要自律，有意识地培养自律精神。比如，针对你自身性格上的某一缺点或不良习惯，限定一个时间期限，集中纠正，这样会取得较好的效果。千万不要纵容自己，给自己找借口。对自己严格一点儿，时间长了，自律便成为一种习惯，一种生活方式，你的人格和智慧也随之更完美。

5.不揭他人之短，不探他人之秘

《菜根谭》中有句话：“不揭他人之短，不探他人之秘，不思他人之旧过，则可以此养德疏害。”做大事的人，他不会冒冒失失地挑起争端，反而会做好表面文章，让对方觉得你对他是富有好感、凡事为他着想的。

“逆鳞”一说可能许多人并不太了解。逆鳞就是龙喉下直径一尺的地方，传说中龙的身上只有这一处的鳞是倒长的，无论是谁触摸到这一位置，都会被激怒的龙杀掉。

人也是如此，无论一个人的出身、地位、权势、风度多么傲人，都有不能被别人言及、不能冒犯的角落，这个角落就是人的“逆鳞”。

因为人人都有各自不同的成长经历，都有自己的缺陷、弱点，也许是生理上的，也许是隐藏在内心深处不堪回首的经历，这些都是他们不愿提及的伤疤，是他们在社交场合极力隐藏和回避的问题。被击中痛处，对任何人来说，都不是一件令人愉快的事。无论是对什么人，只要你触及了他这块伤疤，他都会采取一定的方法进行反击，从而获求一种心理上的平衡。

揭短，有时是故意的，那是互相敌视的双方用来攻击对方的武器。揭短，有时又是无意的，那是因为某种原因一不小心犯了对方的忌讳。但是总体来说，有心也好，无意也罢，在待人处世中揭人之短都会伤害对方的自尊，轻则影响双方的感情，重则导致人际关系紧张。

张小姐是某机关办公室文员，她性格内向，不太爱说话。可每当别人就某件事情征求她的意见时，她说出来的话总是“挟枪带棒”，而且她很喜欢揭别人的短。

有一回，自己部门的同事穿了件新衣服，别人都称赞“漂亮”“合适”，可当这个人问张小姐感觉如何时，她直接回答说：“你身材太胖，不适合。”甚至还说：“这颜色真艳，只有早上锻炼的老太太才这样穿。”

这话一出口，便使得当事人很生气，而且周围大赞衣服如何如何好的人也很尴尬。

虽然有时张小姐会为自己说出的话不招人喜欢而后悔，可很多时候，她还是照说不误。久而久之，同事们把她排除在团体之外，很少再就某件事去征求她的意见。

尽管这样，如果偶然需要听听她的意见时，她还是管不住自己，又把别人最不爱听的话给说出来了。

现在在公司里几乎没有人主动与她交谈，张小姐自然明白大家不理她的原因。

我们常说瘸子面前不说短、胖子面前不提肥、“东施”面前不言丑，对让人失意的事应尽量避而不谈。避讳不仅是处理人际关系的技巧问题，更是对待朋友的态度问题。尊重他人就是尊重自己。为自己留口德。

通常情况下，人在吵架时最容易暴露其缺点。无论是挑起事端的一方还是另一方，都是因为看到了对方的缺点并产生了敌意，敌意的表露使双方关系恶化，进而发生争吵。争吵中，双方在众人面前互相揭短，使各自的缺点都暴露在大庭广众之下，无论对哪一方来说都是不小的损失。

某公司的一个部门里有两个职员，工作能力难分伯仲，互为竞争对手，谁会先升任科长是部门内十分关心的话题。但这两个人竞争意识过于强烈，凡事都要对着干。快到人事变动时，他们的矛盾已激化到了不可收拾的地步，好几次互相指责，揭对方的短。科长及同事们怎么劝也无济于事。结果，两人都没有被提升，科长的职位被部门其他的同事获得了。因为他们在争执中互相揭短，在众人面前暴露了各自的缺点，上级认为两人都不够资格提升。

任何人都是可以成为敌人也可成为朋友的，而多一些朋友总比四面树敌要好。把潜在的对手转化为自己的朋友，这才是最好的办法。

打人不打脸，骂人不揭短。言论自由的现代社会，人们一样要有忌讳心理，有自己与人交往所不能提及的“禁区”。在办公室中，那种当面揭短的话更是不能说，这样不但会使同事之间的关系恶化，还可能造成更为严重的后果。

但事实是，有些人认识到揭短的害处，甚至会奉劝自己的朋友，自己却在行为上不能克制。只能提醒别人而不能提醒自己，这同样是很危险的。

在一座小城里，有一个老太太每天都会坐在马路边望着不远处的一堵高墙，她总觉得它马上就要倒塌，很危险。于是见有人向那里走过去，她就善意地提醒：“那堵墙要倒塌了，远着点走吧。”

被提醒的人不解地看着她，大模大样地顺着墙根走过去了，但那堵墙并没有倒塌。老太太很生气：“你怎么不听我的话呢?”

接下来的三天，她仍然在提醒着别人，但许多人都从墙根走过去了，也没有遇到危险。

第四天，老太太感到有些奇怪，又有些失望：“它怎么没有倒呢？明明看着要倒的啊。”

她不由自主地走到墙根下仔细观望，然而就在此时，墙终于倒塌了，老太太被淹没在石砖当中。

为什么我们不能在提醒别人的时候也提醒自己呢？提醒自己给别人留点余地、给别人留点尊严。每个人都有不足的地方，容许别人的不足，也是对自己的宽恕，因为世界上没有完人，包括自己。

不要以为随便揭别人的短，可以让自己显得更加高尚。错了，这么做只能说明自己没有涵养。

6.道歉是一种重要的社会礼仪

一句道歉创下全球单店月销售量第一纪录，一句道歉终结香港报业大战，一句道歉保住总统职位，一句道歉挽回一个商业帝国……道歉，这种承认错误的方式，也被市场经常性地视为商业策略和危机公关的一种技巧。

作为一个生活在一定社会关系中的人，谁也避免不了在交往中伤害别人或被别人伤害。尽管大多数伤害是无意的，但学会道歉或学会接受道歉，仍然是开启原谅和恢复关系大门的金钥匙。

道歉不仅仅是说一句“对不起”那么简单。我们向别人道歉，就是承认我们的所作所为伤害了别人或者有可能伤害别人，希望能予以弥补。

虽然道歉后我们会感觉好点，但是其实我们的内心还是会有一股相反的力量，想保护我们的自尊心和自己辛苦建立并维护的公众形象。我们之所以不愿道歉，是因为道歉就要承认自己有缺陷、不完美。道歉就是要战胜自己的自尊心。

有时候，人们也会因为害怕承担责任而不愿道歉。很多人害怕，即使自己道了歉，对方也不会领情。也有人害怕，道歉可能会暴露自己的缺点，失去别人的尊重，从而可能毁了自己的名声。还有人害怕报复。正因为这些顾虑确实有可能发生，才使道歉变得更有意义。

道歉是一种重要的社会礼仪，它需要人们拿出勇气，表现自己谦虚的一面，同时它也需要一定的技巧。

1998年1月17日，美国总统克林顿在保拉·琼丝提出的性骚扰诉讼中向陪审团秘密作证。作证时，他被问及是否与曾任白宫实习生的莱温斯基有性关系，克林顿断然否认。但越来越多的证据证明克林顿撒了谎。1998年8月，克林顿被迫承认绯闻，并向人民道歉，向内阁道歉，向妻子和家人道歉。8月17日晚10时整，克林顿在白宫地图室面色沉重地向全国发表约5分钟的电视讲话，就自己在莱温斯基性丑闻案中误导美国人民而向全国人民道歉，并对所发生的事情负全部责任。

克林顿道歉之后，妻子希拉里原谅了他。对于斯塔尔的调查报告，美国法律界人士也提出严厉批评。女众议员沃尔特斯指出，斯塔尔的报告中有548次使用“性”这个词。克林顿为绯闻案作证的4小时录像带在9月21日公开播出后，反而引起美国百姓对克林顿的同情，民众对克林顿的支持度上升了6个百分点。

但绯闻案的调查并未因此而画上句号，克林顿继续受到众议院的弹劾和参议院的审查，但他并未因此下台，而是继续完成了第二任的总统任期。1999年2月13日，克林顿在白宫玫瑰园再次发表了一项道歉声明，他说：“对自己引发这些事件的所作所为和因此而给国会和美国人民增加的沉重负担，我是如此深深地感到抱歉。”

美国人原谅了这个绯闻总统。他道歉了，证明他“反省错误”了。他们觉得，宁可要一个有缺陷的人性化的总统，也不要一个没有人情味的国家领袖。

4年之后，克林顿的自传《我的生活》，首印全美发行150万册，还没上市就预订一空。

俗话说：“人非圣贤，孰能无过。”我们都是很普通的人，既然犯错在所难免，既然我们都不想与别人的关系搞僵，那么我们就该学会主动认错和道歉。

另外，当一个人认为自己可能会被人指责时，不妨以先发制人的方式先数落自己一番。因为人心是很奇特的，当对方发觉你已先道歉时，便不好再多指责。

美国心理学专家卡耐基在其《美好的人生》一书中，讲了他的一段经历：从卡耐基家步行一分钟，就可以到达森林公园。他常常带着一只叫雷斯的小猎狗到公园散步。因为他们在公园里很少碰到人，又因为这条狗友善而不伤人，所以卡耐基常常不替雷斯系狗链或戴口罩。

有一天，他们在公园遇见一位骑马的警察，警察严厉地说："你为什么让你的狗跑来跑去而不给它系上链子或戴上口罩？你难道不晓得这是违法吗？"

"是的，我晓得。"卡耐基低声地说，"不过，我认为它不至于在这儿咬人。"

"你不认为！你不认为！法律是不管你怎么认为的。它可能在这里咬死松鼠，或咬伤小孩，这次我不追究，假如下次再被我碰上，你就必须跟法官解释了。"

卡耐基的确照办了。可是，他的雷斯不喜欢戴口罩，他也不喜欢它那样。一天下午，他和雷斯正在一座小坡上赛跑，突然，他看见那位执法大人正骑在一匹棕色的马上。

卡耐基想，这下栽了！他决定不等警察开口就先发制人："先生，这下你当场逮到我了。我错了，我有罪。你上星期警告过我，若是再带小狗出来而不替它戴口罩，你就要罚我。"

“好说，好说，”警察回答的声调很柔和，“我晓得在没有人的时候，谁都忍不住要带这样一条小狗出来溜达。”

“的确忍不住。”卡耐基说道，“但这是违法的。我还是感到罪恶。实在对不起。”

“哦，你大概把事情看得太严重了，”警察说，“我们这样吧，你只要让它跑过小山，到我看不到的地方，事情就算了。”

就像那位警察对待卡耐基和他的爱犬一样，如果我们免不了会受到责备，何不自己先道歉呢？听自己谴责自己不比挨别人批评好受得多吗？你要是知道某人准备责备你，你自己先把对方责备你的话说出来，对方十之八九会以宽大、谅解的态度对待你，

你必须学会道歉。道歉最关键的两个基本点就是目的和态度。只有当你的歉意是发自内心的，而且你愿意为此承担责任的时候，对方才会感觉到你的诚意，道歉的目的才能达到。

7.责任是生存的基础

社会学家戴维斯说：“放弃了自己对社会的责任，就意味着放弃了自身在这个社会中更好生存的机会。”

责任是一种生存的法则。无论对于人类还是对于动物界，这都是一条不变的法则。

我们在工作和生活中常常发现，只有那些能够勇于承担责任的人，才能够赢得老板的赏识，才有可能被赋予更多的使命，才有资格获得更大的荣誉。一个缺乏责任感的人，或者一个不负责任的人，首先失去的是社会对自己的基本认可，其次失去了别人对自己的信任与尊重，甚至也失去了自身的立命之本——信誉和尊严。

有这样的一个故事：

动物园里有三只狼，是一家三口。这三只狼一直是由动物园饲养的。为了恢复狼的野性，动物园决定将它们送到森林里，任其自然生长。首先被放回的是那只身体强壮的狼父亲，动物园的管理员认为，它的生存能力应该比其他两只强一些。

过了些日子，动物园的管理员发现，狼父亲经常徘徊在动物园的附近，而且看起来很饿，无精打采。但是，动物园并没有收留它，而是将幼狼放了出去。

幼狼被放出去之后，动物园的管理者发现，狼父亲很少回来了。偶尔带着幼狼回来几次，它的身体好像比以前强壮多了，幼狼也没有挨饿的样子。看来，公狼把幼狼照顾得很好，而且自己过得也很好。为了照顾幼狼，狼父亲必须得捕到食物，否则，幼狼就会挨饿。管理员决定把剩下的那只母狼也放出去。

这只母狼被放出去之后，这三只狼再也没有回来过。动物园的管理员想，这一家三口看来是在森林里生活得不错。后来，管理员解释了这三只狼为什么能重返大自然生活。

“公狼有照顾幼狼的责任，尽管这是一种本能，正是这种责任让它俩生活得好一些。母狼被放出去后，公狼和母狼共同有照顾幼狼的责任，而且公狼和母狼还需要互相照顾。这三只狼互相照顾，才能够重回自然，重新开始生活。”

由此可见，责任是生存的基础，无论是动物还是人。

责任确保了生命在自然界中的延续，责任直接决定了一个人的工作绩效和生活质量，是高效能人士必备的一项习惯。

著名管理大师德鲁克认为，责任是一名高效能工作者的工作宣言。在这份工作宣言里，你首先表明的是你的工作态度：你要以高度的责任感对待你的工作，毫不懈怠，对于工作中出现的问题能敢于承担。这是保证你的任务能够有效完成的基本条件。

可以说，没有做不好的事情，只有不负责的人。一个人责任感的高低，决定了他工作绩效的高低。当你的上司因为你的工作很差劲批评你的时候，你首先问问自己，是否为这份工作付出了很多，是不是一直以高度的责任感来对待这份工作？一个高效能的人士是不会给自己的工作交一份白卷的。

责任感是我们在工作中战胜种种压力和困难的强大精神动力，它使我们有勇气排除万难，甚至可以把不可能完成的任务完成得相当出色。一旦失去责任感，即使是做自己最擅长的工作，也会做得一塌糊涂。

一个拥有责任感的人，往往具备以下三个特征：

(1) 一个拥有责任感的人具备主动承担责任的精神。

(2) 一个拥有责任感的人，会为他所承担的事情，付出心血、付出劳动、付出代价，他会为达到一个尽善尽美的目标付出自己的全部努力。

(3) 一个拥有责任感的人是一个善始善终的人。

他懂得责任意味着承担，意味着付出代价。事情出现危机，而仍然不放弃责任的人，才是真正拥有责任感的人；当情况于己不利，自己有可能付出代价，而勇于将事情进行到底的人才是真正有责任感的人。

第十章

好心态助你提升格局，要成功更要幸福感

1.燃起工作热情，你不能浮躁

著名作家罗曼·罗兰说：“一个人慢慢被时代淘汰的最大原因，不是年龄的增长，而是学习热情的下降，工作激情的减退。”

工作是实现成功的途径，但更应该是享受人生的手段。享受工作，也许一些人会嗤之以鼻，因为他们只是把工作当作谋生的手段，一种不得已而为之的生存方式。在他们眼里，工作只是负担、压力、疲惫，没有快乐可言。

林肯说：“一些事情人们之所以不去做，只是认为不可能。而许多不可能，只存在于我们的想象之中。”享受工作也是如此，它的不可能只是一种想象，实际上，我们完全可以做到。

小周，传媒专业的本科毕业生，第一天来广告公司上班的时候，她穿着一件洗得发白的牛仔裤，一件纯白的棉衬衫，一张不施粉黛的脸，看上去只有十八九岁的样子。她的装扮给上司留下了不好的印象：连最起码的着装还没学会就来应聘——令人意想不到的是她居然还被公司留下。

先入为主的成见注定她和上司不和谐，但是小周依然每天像快乐的小鸟一样来上班。上司并没有给她多少事情，她却很少让自己闲下来，把办公室里里外外打扫得干干净净不说，还跑到别的科室去帮着别的同事打水扫地。

上班后，她就这样处理着一些没有多大意义的琐碎事情。有几次，她实在没什么事情做了，就小心地问上司有什么需要她做的。其实，事情有很多，上司手头需要整理的材料有一大堆，可她不放心交给小周。于是用一种自己也想不到的语气来回答她："急什么，总会有你做的事。不过，那些打水扫地的活儿，你也不必去做。公司里有勤杂工，你来这儿不会就为做这些吧。"小周的脸红了，又急忙低下头。

之后的一天早晨，她在上司的办公桌上放了一张简陋的广告创意，可是，上司拿起来瞄了一眼，随手就把那张纸丢到脚边的垃圾筒里。小周眼里是满满的失望。"是你做的吗？"上司问。"是的，我做得不好，请您多指点。""嗯，下次吧。"

第二天上班时间，一张同样大小的纸又放在了上司的办公桌上，这一次比上次略微好些，但离上司的要求还相差甚远。上司再一次把它丢进垃圾筒，小周还是什么也没说，就转身退出了办公室。

接下来几天，小周每天上班都把自己设计的广告创意放在上司的桌上，每一次都会比前一次有一点儿小小的改进，但总体水平并没有多大的起色。终于有一天，上司开口了："其实，你也许没有发现，你并不适合做广告这一行。因为你的创意没有一丝新意，干这一行没有创意是很可怕的。"小周的眼泪在眼里转了好久，最终还是掉下来了：“谢谢您的指点，我知道了。但我也想对您说，不管我做得多差，每一次都是我努力的结果，而且，我也坚信，每一次我都比前一次做得好。这些虽然被您随意地扔进了垃圾筒，而对于我却是成长的经历，我会珍惜它们。”她从背后拿出那些曾经被上司随便丢进垃圾筒的广告创意。

以后，小周再没有将自己设计的作品放到上司的桌上，在公司里也沉默了许多。更多的时候，她只紧抿着嘴唇专心地做事，干好自己分内的事后，她把更多的时间用来看书学习。

有一次，老总派小周的上司去谈一笔很大的广告业务，本来已经要成功的，却在签约的前一天出了问题。对方忽然打电话来说有另外一家广告公司的创意更适合他们，所以只好遗憾地终止合作。上司一听就火了，在电话里很不客气地驳斥对方不守信用。小周一直待在她的旁边，小心地问真的无法挽回了吗？上司用一种从未有过的失败感说：“没用了，人家明天就签约了。”“可是还没有到明天，说不定还有转机呢！”小周说。

第二天上班时间，小周没有像往常一样出现在办公室。快要下班时，见老总满面喜色地走进来，身后的她也满面春风地跟进来。老总大声说：“向大家宣布一个好消息，我们的小周为我们公司立下了一个大功。你们可能都没想到，她居然用自己的作品说服了我们的客户，为我们拉了一笔大业务。明天中午，我们要为她庆贺一下，做事情要的就是这种精神！”上司的脸红了。

此后，小周接二连三地拿出好创意，很快吸引了老总的注意，而排斥她的上司最终只得让贤辞职。

小周是不浮躁的典型例子，她没有因为上司的冷落而忘了自己的职责，而是努力上进、学习进修，最终她的付出得到了回报。

所以，在工作中，一个人不浮躁，才会学有所成，学有所获。

我们一定要安安分分地工作，不因外在的环境变化而打扰到内心的坚定。当然，任何一种工作都不会像你所想的那样完美，总免不了有一些瑕疵。但是，工作可以枯燥，你不能浮躁。你只要选择了所从事的工作，它就值得你用心去对待，只有通过对工作的投入和倾心，才能从中寻找到乐趣和享受，自然也就掌握了自己的命运。

2.帮助别人也就是帮助自己

《诗经》中曾说："投我以木桃，报之以琼瑶。"友善会孕育同样的友善，当你向对方施以友善的行为后，能加重对方内心的亏欠感，这会让对方更易接受你所提出的观点和请求，进而推动事情向你想要的结果发展。心理学上也将这种礼尚往来的感情交往称为互惠原则。互惠原则在生活中的运用更是数不胜数，它的影响是巨大的，特别是友善，能够积攒人情，多数人都在人情债面前难以招架。

为了在北京发展，李华毕业后就立刻来到北京工作，并在公司附近租了一套两室一厅的楼房。由于北京的房价很高，加上一个人住，她感觉租房的费用太大，自己承担起来压力很大。同事建议她找人合租，把两室中的一室租出去，李华觉得是个好办法，便开始在网上发布租房信息。来看房子的人很多，但是真正合适的人并不多。

一天又来了两个女孩看房子，李华感觉都是女孩子，便非常想把房子租给对方。于是，李华友善地向对方介绍房子，在对方坐下来了解房费的情况时，李华友好地给对方倒水。在交谈中李华了解到对方有一个是自己的老乡，李华表现得更加友善、热情，拿出水果招待对方。这让对方感觉很不好意思，并对李华说："让我们考虑20分钟吧！"李华笑着说"好的"，便走进了卧室。最后李华成功地将房子租给了对方。

第二天对方住进来的时候，对李华说："姐，说实话，在刚来看房子的时候，我们对房子不是特别满意，觉得房租也不低，我们支付起来负担也很重。但是看你人很好，对我们也非常友善，所以我们最后还是决定租下来。"

是什么原因让一个素不相识的陌生人愿意与李华合租房子，并且忽略了金钱上的利益？是房子本身够好，还是租金便宜？

从上面的案例看二者都不是，是李华的友善助其赢得了租房者的好感与信任，最终同意租下了她的房子。古语言："一滴蜂蜜比一加仑胆汁，能捕捉到更多的苍蝇。"人际关系也如此。如果你想舒服地办好事情，你就要友善地对待对方，并使对方相信你是友善的。对方在接受了你的友善后，心里会对你产生亏欠感，从而接受你的请求或者观点，进而走在你为他铺设的道路上。

布丹女士曾有过这样的经历：她在新罕布什尔州买了套新房子，可她很快就发现，下雨时她的新房居然漏水！雨水小的时候，影响还不太大，但是当雨大时，雨水会渗进房屋底层的水泥地板中，地板因此出现了裂痕；水流进地下室后，损坏了她的热水器等多项设备。她非常愤怒，并知道这应该是承建商没有在房子附近修理排污沟导致的。于是，在了解到详情后她准备找承建商解决问题。尽管她非常愤怒，但在去之前她仔细地想了一下，最后要求自己要用友善的态度和对方说话，并用理解的心态与对方交谈。她知道这种事情光靠发火是解决不了的。

见到承建商的接待人员后，她语气平和，态度友善地了解了公司的建房情况，并适当地表示出关心，且说自己出差了一段时间，等出差回来才发现雨水淹没地下室的“小”问题，并提出希望承建商能帮以解决，她会感激不尽。对方同样也很友善地向她表示歉意，承认责任在于公司设计的疏忽，并答应她会尽快地处理此事。第二天，承建公司便打来电话，通知她公司会赔偿她损坏的所有设备，并且会在房子附近修理排污沟，以免以后再发生类似的事情。

像布丹女士这种房主与承建商之间的矛盾，在当地是很难解决的问题。当同事得知布丹女士轻而易举地解决了此事情后，都向布丹女士询问情况。布丹女士说：“虽然从责任角度，这个问题是承包商失误引起的，但是如果我不采取友善的态度，即使我再坚持让对方承担责任，这种事情也不能这么顺利地解决。”

生活中，每个人都会有生气愤怒的时候，但是当你愤怒的时候，你向那个令你愤怒的人发火、谩骂或者训斥，你认为对方会替你分担你的痛苦吗？当你生气的时候，带着那充满仇恨的目光，用充满火药味的语气、声调对待对方时，你认为对方会因此而产生自责心理吗？当你双手紧紧地握着拳头寻找对方时，你认为你想解决的事情会按照你想要的结果去解决吗？

中国有句谚语说“和气生财”，的确，只有那些真正懂得友善的人，才能获得更高的办事效率，才能在更多方面获得成功。所以生活中不妨时时向他人施以友善的感情，从而使其在友好的心境下平和地处事。

3.开口抱怨前，请把你的“烦”消化掉大半

“烦”，本不是什么新的情绪。不开心时的烦恼，不舒心时的烦闷，对每个人而言，早已是司空见惯的平常事。但是“旧烦”与“新烦”之间，还是大不相同的。

过去人们“烦”的时候是找知心朋友诉诉苦、解解闷，今天“烦”的人们不仅仅“烦”，而且不“耐烦”。在不开心、不舒服的同时，他们不安心、不静心；他们不只是烦恼、烦闷，而且烦躁。对他们而言，与其说“烦”是一种有待完全摆脱的消极情绪，不如说“烦”是一种有几分无奈也有几分得意的生存状态和生活方式。

一些人的“烦”是一种现代文明病，是抒情的思想、浪漫的梦幻和温和的心境被无情的、变化的现实打碎之后，而产生的一种愤世嫉俗、走投无路的情绪状态。这种人无法控制自我，心绪不宁，因而难以成事。

无论做什么事，心烦意乱之下是难有所作为的。

为了不烦，我们还得“耐烦”一些，静下心来，正确地认识自己，先把你的“烦”消化掉大半，然后以一种“耐烦”的方式开口抱怨。

学会完全主宰自己

控制自己的情绪，要经过一个理性的思考过程。这个思考过程是很难的。因为，在我们生活中有许多力量试图破坏个人的特性，使我们从孩童时候一直到成人都相信自己有无法克服的情绪。无法克服这些情绪就只好接受它们。在这里要强调的是：你必须相信自己能够在一生中的任何时刻，都按照自己选定的方法去认识事物，只有这样，你才能做到主宰自己。

善于为自己的情绪寻得适当表现的机会

如有的人在激动的时候，会去做些需要体能的活动或运动，这可使因紧张而动员的“能”获得一条出路；有的人在情绪不安的时候会去找要好的朋友谈谈，倾吐胸中的抑郁，把话说出来以后，心情也会平静许多；还有的人借观光游览来使自己离开那容易引起激动的环境，避免心理上的纷扰，等到旅游归来，心情不复紧张，同时事过境迁，原有的问题或许也已显得微不足道，不再为之烦心了。

进行独立思考

你的情绪来自你的思考，那就可以说，你是能够控制你的情绪的。这样看来，你认为是某些人或事给你带来悲伤、沮丧、愤怒、烦恼和忧虑，这种想法可能是不正确的。你完全可以改变自己的思想，选择自己的感情，新的思考和情绪就可以随之产生。一个健全和自由的人总是不断地学习用不同的方式处理问题，这样才能使你学会主宰自己。

假如你是乐观的人，那么你就能够找到控制自己情绪的方法，而且每时每刻都能为值得去做的事而生活着，这样你便是个聪明的人。能够顺利地解决问题，当然能为你的幸福增添光彩。当你无法解决某个特别的问题时，乐观的你仍充满信心，其实你已将自己的情感稳操在手。能够为自己的选择感到幸福时，你的情绪一定是稳定的、真实的。

能掌握自己情感的人是不会垮掉的，因为他们能够主宰自己、控制自己的情绪。他们懂得如何在失意中寻找快乐，懂得如何对待生活中出现的任何问题。在这里没有说“解决”问题，因为聪明人不以解决问题的能力来衡量自己是否聪明，而是不受情绪的影响，理智地对待问题。

学会宣泄压抑和郁闷

或许我们都曾有过下面的经历：经常莫名地紧张、害怕、心慌、发抖、头晕，有时脑子里一片空白，觉得自己活得很累，常常想到死。其实，这就是非常严重的抑郁状态。

那么怎样排解这种焦虑、压抑呢？

（1）可以向心理医生或自己信任的亲朋好友倾诉内心的痛苦，也可以用写日记、写信的方式宣泄，或选择适当的场合痛哭、呼喊。

（2）焦虑是人面临应激状态下的一种正常反应，要以平常心对待，顺应自然、接纳自己、接纳现实，在烦恼和痛苦中寻求战胜自我的理念。

（3）在心理医师的指导下训练，可以做自我放松训练。

（4）无论学习还是工作，没有目标就会茫然不知所措。目标确立要适度，根据人生不同发展阶段确立目标。

（5）回忆或讲述自己最成功的事，可以引起愉快情绪，忘掉不愉快的事，消除紧张、压抑心理。

（6）积极参加文体活动。研究表明，音乐能影响人的情绪、行为和生理功能，不同节奏的音乐能使人放松，具有镇静、镇痛作用。

（7）多参加集体活动，如郊游、植树、讲座、大学生社团活动等。在集体活动中发挥自己的专长优势，增加人际交往。和谐的人际关系会使人获得更多的心理支持，缓解紧张、焦虑情绪。学会宣泄焦虑、压抑，我们的心理才会变得轻松。

（8）保持幽默感。我们每个人都应活得轻松些，尤其当自己身处逆境时，要学会超脱，所谓“来日方长”，要看到生活好的一面，无忧无虑，自得轻松。

（9）对人礼貌。如果你对别人施之以礼，别人也会对你以礼相待，也就是说“将心比心”，会有助于缓冲你的精神紧张。

有时，一声“谢谢”，一个微笑或一次过路礼让，都能使你感到受欢迎。记住，别人对待你的态度在一定程度上反映了你的自我形象。

(10) 要自信。这里所说的自信不是狂妄自大，也不是自以为是，而要学会自我控制。如果只指望他人把事情办好，或坐等他人把事办好，就可能使你处于被动地位，也可能成为环境的牺牲品。因此，办任何事情，首先要相信自己，依靠自己，不要将希望寄托于别人，否则将坐失良机，产生懊丧心理，加重精神紧张。

(11) 当机立断。死守着一个毫无希望的目标，不论对你自己，还是对你周围的人，都会增加心理压力和精神紧张。一个聪明人一旦打算完成某项任务时，就应马上做出决断并付诸行动。当他发现已做的决定是错误的，就应立即另谋办法。优柔寡断，会加重精神负担。

(12) 学会处世的道理。我们都是同样的人，别人碰上的事情你有一天也可能会碰上。生活的道路不会总是平坦的。与周围的人建立友谊，可以增加来自外界的支持和帮助，从而减轻精神紧张。不要害怕扩大你的社会影响，这样有助你寻找应付紧急事件的新渠道。

(13) 努力改进人际关系。建立良好的人际关系，以帮助你事业成功，减少挫折，这对于保持良好的竞技状态十分重要。我们不需要那种只会教训人“给我听着，你该怎样做”的朋友，我们生活中所需的是鼓励我们进行创造性思维，以及能够支持我们走向成功之路的那种朋友。主动虚心听取别人意见，善于安排时间，是改进人际关系的重要方法之一。

(14) 宣泄、抒发。经常处于精神紧张状态，累加起来，可能会吞噬掉我们健康的机体。我们需要对人诉说自己的感受，哪怕这样做改变不了多少事情。向谁诉说，取决于想要说的内容，必须选择合适的诉说对象。记住，绝对不要将不愉快的事情隐藏在自己的心里。

(15) 以仁待人。当别人身处困境时应乐于助人。在这种时刻，他们最需要你去倾听他们的诉说，需要你给予帮助。俗话说，善有善报，如果你有朝一日也出现某种危机之时，如果对方是一位真诚的朋友，他也会来帮助你的。

(16) 不传闲话。传闲话会招来仇恨和互相猜忌，也容易使你失去朋友。当你向某人传闲话时，他也会猜想你是否也说过他的闲话。生活中有的是问题，够你去忙的，犯不着背个“小广播”的名声去费唇舌，给自己添麻烦。

(17) 灵活一些。我们要完成一件工作，可能有许多方法，你自己的那种方法不一定是最好的，或者虽然是最好的方法，但不一定行得通。如果你总认为事事都必须按你的想法去做，那么当事情不按你的想法发展时，你就会烦恼生气。其实你的目标只应是把事情办成，至于方法，不必拘于某一种。

(18) 衣着整洁。衣服穿得整洁与否，象征你是否尊重别人，当然也象征着你是否自尊自重。衣着不仅在显示你是男性还是女性，还能为你的自身价值和重要性提供一种保证。

4.得理也要让三分

“径路窄处，留一步与人行；滋味浓时，减三分让人尝。”这句话旨在说明谦让的美德。在道路狭窄之处，应该停下来让别人先行一步。只要心中经常有这种想法，那么人生就会快乐祥和。

中国自古以来就是礼仪之邦，谦和、礼让更是中华民族的美德。当你在狭窄的路上行走时，要给别人留一点余地；羊肠小道两个人互相通过时，如果争先恐后，各不相让，那么两个人都有坠入深谷的危险，在这种情况下停住脚步让对方先过去，不仅是种礼貌，更是注重安全的体现。

当你遇到美味可口的佳肴时，要留出三分让给别人吃，这样才是一种美德。路留一步，味留三分，是提倡一种谨慎的利世济人的方式。在生活中，除了原则问题须坚持外，对小事互相谦让会使个人的身心保持愉快。

清代康熙年间，人称“张宰相”的张英与一个姓叶的侍郎两家毗邻而居。叶家重建府第，将两家公共的弄墙拆去并侵占三尺，张家自然不服，引起争端。张家立即发鸡毛信给京城的张英，要求他出面干预，张英却作诗一首：“千里家书只为墙，让他三尺又何妨？万里长城今犹在，不见当年秦始皇。”

张老夫人看见诗即命退后三尺筑墙，而叶家深表敬意，也退后三尺。这样两家之间即由从前三尺巷形成了六尺巷，被百姓传为佳话。

凡事让步表面上看来是吃亏，但事实上由此获得的收益要比你失去的还要多。这正是一种成熟的、以退为进的明智做法。

事物的发展都是相对的，谦让很多时候都是发生在竞争的情形之中，由于谦和礼让的出现而使矛盾完全化解，更免去了一场不必要的争斗，对手变手足，仇人变兄弟。因此，让人是避免斗争的极好方法，自身也具有一定价值。

得理不让人，让对方走投无路，有可能激起对方“求生”的意志，而既然是“求生”，就有可能是“不择手段”，这对你自己将造成伤害，好比老鼠关在房间内，不让其逃出，老鼠为了求生，会咬坏你家中的器物。放它一条生路，它“逃命”要紧，便不会对你的利益造成破坏。对方“无理”，明知理亏，你在“理”字已明之下，放他一条生路，他会心存感激，来日自当图报。就算不会如此，也不太可能再度与你为敌。这就是人性。

当你一味争抢的时候，不仅伤害了对方，也有可能连带地伤了他的家人，甚至毁了对方一生的幸福，这未免有失做人的德性。得理让人，不仅是一种积蓄，更是一种财富。

世界很大也很小，要知道地球是圆的，山不转水转，后会有期的事情常有发生。你今天得理不让人，哪知他日你们二人又会狭路相逢。若那时他处于优势，而你处于劣势，你就有可能吃亏！“得理让人”，也是为自己以后做人留条后路啊！正所谓“人情翻覆似波澜”。

今日的朋友，也许将成为明日的仇敌；而今天的对手，也可能成为明天的朋友。世事一如崎岖道路，困难重重，因此走不过的地方不妨退一步，忍一时风平浪静，退一步海阔天空。让对方先过，哪怕是宽阔的道路也要留给别人足够的空间。你会发现，既是为他人着想，又能为自己留条后路。

若想在困难时得到援助，就应在平时宽以待人。包容接纳、团结更多的人，在顺利的时候共同奋斗，在困难的时候患难与共，进而为自己增加成功的能量，创造更多的成功机会。反之，则会使大家疏远自己，在成功的道路上，人为地增加阻力。

人们往往把大海比作宽广的胸怀，因为大海能广纳百川，也不拒暴雨和巨浪；也有人把忍耐性比作弹簧，弹簧具有能伸能屈的韧性。人们在一个单位或集体中工作学习，难免会产生一些意见或矛盾。但是，如果经常为一些鸡毛蒜皮的小事争得面红耳赤，谁都不肯甘拜下风，以致大打出手，事后静下心来想想，当时若能忍让三分，自会风平浪静，大事化小、小事化了。事实上，越是有理的人，如果表现得越谦让，越能显示出他胸襟坦荡，富有修养，反而更能得到他人的钦佩。

汉朝时有一个叫刘宽的人，为人宽厚仁慈。他在南阳当太守时，小吏、老百姓做了错事，为了以示惩戒，他只是让差役用蒲草鞭责打，使之不再重犯，此举深得民心。刘宽的夫人为了试探他是否像人们所说的那样仁厚，便让婢女在他和属下集体办公的时候捧出肉汤，故作不小心把肉汤洒在他的官服上。要是一般的人，必定会把婢女毒打一顿，至少也要怒斥一番。但是刘宽不仅没发脾气，反而问婢女："肉羹有没有烫着你的手？"由此足见刘宽为人宽容之肚量。

这就是有理让三分的做法，刘宽的肚量可谓不小。他感化了人心，也赢得了人心。人人都有自尊心和好胜心，在生活中，对一些非原则性的问题，我们应该主动显示出自己比他人更有容人之雅量。

俗话说，人非圣贤，孰能无过。每个人都难免会偶有过失，因此每个人都有需要别人原谅的时候。

大部分人一旦陷身于争斗的漩涡，便不由自主地焦躁起来，有时为了利益，甚至是为了面子，也要强词夺理，一争高下。一旦自己得了"理"，便决不饶人，非逼得对方鸣金收兵或自认倒霉不可。然而这次"得理不饶人"虽然让你吹响胜利的号角，但也成了下次争斗的前奏。因为这对"战败"的一方也是一种面子和利益之争，他当然要伺机"讨"还。

在这种时候，我们为什么不能像刘宽那样，即使自己有理，也让别人三分。其实，有些时候给他人让出了台阶，也为自己攒下了人情，留下一条后路。

宽以待人，要有主动“让道”精神，宽容让人。在与他人交往中，常常会因为个性、脾气、爱好、要求的不统一，价值观念的差异产生矛盾或冲突，此时我们应记住一位哲人的话：“航行中有一条公认的规则，操纵灵敏的船应该给不太灵敏的船让道。我认为，这在人与人的关系中也是应遵循的一条规律。”因此，做一个能理解、容纳他人优点和缺点的人，才会受到他人的欢迎。相反，那些只知道对人吹毛求疵，没完没了地批评说教的人，怎么会拥有亲密的朋友呢？人们对他只有敬而远之！

5.低调做人是规避失败的最佳手段

你可以给自己一个较高的定位，但在具体地为人做事时，如果你降低姿态，你就会发现人性中那一面面光辉的心灵之镜都愿意照亮你前行的路。

你可以有自己的高标追求、高标处世之风，但低调做人，不彰显自己的优势才可能像一棵树一样，用根系从更低更深处吸取养料，让树茎和树冠向更高、更辉煌的地方延伸。如果你只顾让自己人性的树冠长得蓬蓬勃勃，枝繁叶茂，而忘记了那些可以供给你养料的大地，你的根系就会萎缩，只要有风吹浪打，你这棵树定会摇摇欲坠，无法站立。

“卧薪尝胆”的故事也许人们早已烂熟于心，其实，这何尝不是一个低调做人的典范，不是一个重新确立自己的处世姿态并从低基点起步发愤的案例。

公元前494年，吴王夫差为报越国杀父之仇，亲率大军进攻越国。越王勾践率军迎战，在夫椒对阵。结果吴军得胜，顺势攻破越国国都会稽，俘虏了越王勾践。

吴王夫差为了实现霸业，显示自己的宽宏大量，决定不杀勾践，只派他在吴国的宫里养马。勾践带着夫人和相国范蠡天天小心谨慎地为吴王当马夫。有一次，吴王夫差生了一场大病，勾践殷勤服侍。夫差见他“忠诚”，就放勾践回国。回国后，勾践一心要报仇雪耻。他重新定都会稽，委派文种管理内政，任命范蠡训练军队，加强战备。

勾践唯恐眼前的舒服会把自己的志气消磨掉，就改变了日常生活，把软绵绵的褥子撤去，以草作褥。在吃饭的地方挂上一个苦胆，每逢吃饭时，先尝一尝苦味，提醒自己不忘雪耻。

越国亡国以后，人口减少了，为了增加人口，勾践就订出几条奖赏生养的条例。例如：上了年纪的人不准娶年轻姑娘做媳妇；男子到了二十岁，女子到了十七岁，还不成亲的，他们的父母要受处罚；快要临盆的女人，必须报官，好派官医前去照顾她；添个儿子，国王赏她两壶酒，一头猪；添个姑娘，国王赏她一壶酒，一头小猪；有两个儿子的，官家代养一个；有三个儿子的，官家代养两个。耕种的时候，越王还亲自拿锄头在地里干活，目的是让庄稼汉提起精神，加把劲种地，多存粮食。国王的夫人也走出去，看望织布纺线的姑娘和老人们，没事时，自己也在宫里织布。七年里，国家免收捐税，越王自己穿衣、吃饭也处处节省。

而此时吴王夫差却自以为成了霸主，骄傲起来，一味贪图享乐。

公元前482年，夫差带着精兵去黄池会盟，一心想早日成为霸主。这时，越国已十分强盛了。勾践见时机已成熟，便乘机出兵打败了吴国，成为春秋末期的霸主。

在夫差面前勾践如若不能低调，恐怕早已成为刀下之鬼。那时的勾践用低调保全了自己的性命。回到越国之后，如果他忘记了低调，怎么能让自己的国家再次休养生息，日益强大，最终可以与吴王对垒？勾践的再次崛起是低调和高标的统一。这就是成功人士的立身原则。

要学会把自己的姿态摆得比别人低，让自己的心志站得比别人高。前者是低调做人的训诲，后者是进入高标生存境界的必然。

为自己设定高远的目标，严格要求自己，从小处着手，从低处起步，这样一点一滴地做起来，才能使自己走出壮美的人生。高标是成功的必然要求，而低调做人则是规避失败的韬晦手段。所以，高标处世和低调做人并非一对矛盾，而是一脉相承、互为表里、相得益彰的。

6.乐观的态度让人充满能量

在快乐之人的眼睛里，世界是五光十色的，对于他们想要做的事情，只有向前去做的直率，而没有瞻前顾后的忧虑。不必要的烦恼少了，自然就更能够看清前进的道路，头脑清醒地想出取得胜利的最佳方法。

快乐是什么？

“睡眠充足，想睡就睡，饮食有节制，肚子饿时才进食，每日都运动，永远不为昨日事烦恼，也不为明日事担忧。”

有一群年轻人生活安逸，游手好闲，没有什么负担，却总是觉得不快乐。他们总觉得有这样或者那样的烦恼，于是约定不再过这样的日子，要一起去寻找快乐。

途中，他们遇到了大哲人苏格拉底。他们向苏格拉底询问：“请问快乐到底在哪里呢？”

苏格拉底回答："告诉你们快乐在哪里之前，你们要先帮我造一条船，待到船造好之日，就是你们得到答案之时。"

为了寻找快乐，几个年轻人欣然同意了。他们商量好造船的每一个步骤，并且紧锣密鼓地开始动工。他们辛苦地上山寻找造船的木料，终于找到了一棵合适的大树。大家齐心协力将大树砍倒，又费劲地将树心掏空，打算做一只独木舟。为了曲线的完美和船表面的光滑，他们进行了精心的打磨，耗去了七七四十九天时间，最后，一只美丽的独木舟终于完成了。

年轻人请来苏格拉底，与他们一起将船放下水，以检验他们的劳动成果。在船上，大家齐心摇桨，还唱起了动听的歌谣。这时，苏格拉底微笑着问他们："孩子们，你们现在快乐吗？"

这群年轻人不假思索地齐声答道："快乐极了！"

苏格拉底说："这其实就是快乐在何方的真正答案。当你专心地做一件事情的时候，快乐就已然造访了。"

我们经常会感慨："快乐的时光总是短暂的。"感慨的时候不免遗憾万千，但是如果把这句话换个顺序来理解，或许就能够把遗憾变成满足。正因为太过专注地做某件事情，所以会觉得时间过得很快。而在这个专注的过程中，快乐的感觉油然而生。

就像故事中的那群年轻人，整天有大把闲暇时光，却无法体会到快乐，因为无所事事没有专注，没有付出，也没有期待，所以不但觉得时间过得很慢，而且会觉得很无聊。

但是，当他们真正投入地去做那只独木舟的时候，并没有刻意强调需要快乐，满脑子只是想着如何更好地完成这个事情，没有时间无聊，没有时间抱怨，便为快乐敞开了门。

有“幼教之母”之称的蒙台梭利在少女时代的很长一段时间内都是不快乐的，因为自己想做的事情没有任何人支持，前方困难重重，而理想则缥缈无影，父亲甚至因为她的“叛逆”而要同她决裂。

有一次，她闷闷不乐地在公园里走着，迎面见到了一个乞讨的老妇人，带着一个看似两三岁的小女孩。她们衣衫褴褛，潦倒不堪，老妇人更是神情疲惫，充满了绝望。可是在小女孩的脸上却看不到任何不快的表情，相反，她很投入地在玩着手上的一张彩色纸片，微笑着，满脸的幸福感。

正是这张笑脸让蒙台梭利大有感触，她坚定了自己的理想和信念，并且以专注的心去追寻，不再难过，也不再为暂时的困境而烦恼。因为她发现，一张彩色的纸片，居然能让一个吃不饱穿不暖的小女孩忘掉这些心酸而快乐微笑，快乐生活原来如此简单。

糟糕的事情发生的时候，成年人总是往坏的方面想，而且把这种“坏”无限地扩大，以至于将整个事情都蒙上阴影。就像每当传来飞机失事的消息，就会有很多人惊恐地质疑飞机这个最快速便捷的交通工具到底有几分安全性。

大事往往会以一种极端的方式出现，要么就是极端正面，要么就是极端负面。如果在极端正面的时候获得了快乐，人们就会误认为快乐只能建立在那种极端的大事之上，从而忽略了每一件小事。

曾经有一位心理学家做过这样一个实验。他们找来了几十名不同年龄、不同职业的被试，让他们用六周的时间认真观察自己的心情。在实验期间，每个人身上都要佩带一个呼叫器，如果他们感到快乐，就要对着呼叫器说出来，而且要描述当时自己有多快乐。

六个星期过后，心理学家分析了实验结果，最后发现，相对一个非常大的快乐来说，人们更中意那种一次又一次来临的小快乐、小惊喜。也就是说，很多人希望的是感受快乐的次数越多越好。

但人的心理又是个很奇怪的东西，我们很容易记住那些不一般的事情，而往往忽略或者遗忘一些平凡的事。而那些悲伤、失意、痛苦的事情又都像是被贴上了“不一般”的标签，让人无法忘怀。所以我们时常觉得不快乐，也时常觉得需要快乐。

烦恼、抱怨、自卑，这些让人不愉快的词语，在某些时候会像一块灰色的布一样蒙住我们的双眼，让我们失去对事物最准确的判断，从而跌入反复苦恼的恶性循环当中去。

但快乐不一样，它就像沉沉黑暗里的一道曙光，会让人变得耳聪目明，充满能量。

巴斯特是一个非常乐观积极的人，他没有显赫的家世，但凭着自己的努力，终于在27岁的时候坐到了大学教授的位子上。

可是由于这些年将精力都放在了学习和做研究上，他还没有女朋友。这不免让他的家人感到担心，期望着他可以早日成家。

刚当上教授不久，巴斯特就看上了校长的女儿玛丽小姐。“她像天仙一样美丽。”巴斯特常常在心中感慨道。可是她是校长的女儿呀，而且长得那么漂亮，身边追求者如云，怎样凭着自己根本不优秀的条件，去战胜那么多的“情敌”呢？要是贸然地进攻，不小心惹恼了玛丽小姐，说不定还会遭到校长的谴责。

巴斯特思考了几天，想出了一个绝妙的点子：写几封信，各个击破防线。

首先，他给校长大人去了一封信，在信中开门见山地说：“我喜欢您的女儿，并且非常渴望能够成为您的女婿，可是在追求亲爱的玛丽之前，我还是应该先向您阐明一些事实，好让您决定是默许我对您女儿的追求呢，还是直接拒绝我。”

他在信中坦白地告诉校长，他的父亲只是一个普通工人，靠着微薄的薪水将孩子抚养长大，非常辛苦，同时也很穷，因此他不可能继承任何财产。但是他有健康的身体，并且每天坚持锻炼；他有大学教授的职位，并且工作认真负责，积极进取；他生性乐观，每天都感到快乐，也能给身边的人带来快乐，他拥有的不多，但他一直很努力。

在信的最后，巴斯特说：“我希望能把我微薄的一切作为聘礼，来向您的女儿求婚，希望您能够成全我。”

校长看过信后，非常欣赏巴斯特，他觉得这个年轻人胆子大，同时很淳朴，是个值得信赖的人。于是校长把信给女儿看了，并且表示尊重女儿的意见，自己绝不干涉。

接下来，巴斯特发出了自己的第二封信。这封信是写给玛丽的妈妈，也就是校长夫人的。他在信中说：“其实我更加担心的不是我聘礼的微薄，而是玛丽小姐对第一印象的在意程度。说实话，在这一点上我没有信心，第一印象对我来说一向是不利的，但是我记得那些熟悉我的人曾经告诉过我，他们都很喜爱我。”

这封信打动了校长夫人，她告诉女儿，自己对这个年轻人也充满了好感，一切就看玛丽自己的决定了。

最后的“进攻”开始了，巴斯特发出了自己的第三封信。毫无疑问，这封信是写给玛丽小姐的。他在信中用温情而快乐的语气写道：“亲爱的小姐，我知道这样冒昧地向你求婚的确有一些莽撞，但祈求你不要在这一刻放下手中的信，不要那么快地作出决定。因为你有可能错了，时间老人或许会在不久之后告诉你，在我不出众甚至有些腼腆的外表之下，其实有着一颗深爱着你，愿意将满腔热情都奉献给你的心。”

结果巴斯特当然是成功了，玛丽小姐在看过父母收到的信之后，就已经对这个小伙子产生了好感，再加上最后一封信中的诚恳表达，玛丽小姐认定这是一个值得托付终身的人，应该去珍惜。

没有上好的条件，也没有吸引人的外表，但巴斯特最终还是捕获了爱人的芳心。因为他虽然不帅气，却耳聪目明。他懂得各个击破的原理，懂得如何真诚地用事实说话，懂得合理地去争取，而不是莽撞或者自卑。

一种人身处逆境却能微笑面对，另一种人遇到困难就一触即溃。前者会是成功者，因为他们处逆境而乐观，具有成功的潜质；而更多的人像后者，一遇逆境便沮丧、失望而停止奋斗，这种人恐怕很难走向成功。当我们看到一个忧郁愁闷的人时，难免会心生厌恶，因为人的天性喜欢快乐与阳光，而不喜欢郁闷与阴沉。

一个人不应被情绪控制，做情绪的奴隶，而应该去控制情绪，做自己的主人。无论身处怎样恶劣的环境，我们都应该去正视它，去改变它，救自己于黑暗之中。当一个人从黑暗中走出来，踏上了光明大道，自然会信心百倍、勇往直前。

7.改善心灵的八大方法

要成功，更要幸福感，记得远离忧伤的感受，释放负面的记忆，种植善念，净化心灵等……成功人士归纳出改善情绪的八大心识方法，从而更好地管理放荡不羁的情绪。

(1) 正反转三思

山不转路转，路不转人转，人不转心转。

正、反、转三思，顾名思义就是正向思考、反向思考及转向思考的总称，它是一种积极改变人们内心想法的有效策略，是应用知识思考改变内心固有的想法和认知。比如，对愤怒的事物，我们可以重新诠释，改变解读；对委屈的事及不合理的事可以重新将之合理化；对讨厌怨恨的人，改变对他的观点；对价值观、满足度重新定义，重新调整预期心。

①改变想法策略

应用正反转三思策略，即从正面、积极的方面思考，或向相反方向作逆向思考，亦可换位进行转方向思考，即所谓人不转我转，我不转心转。

比如，一位喜欢赌马的人，因为丢掉了比赛用的宝马而内心很痛苦。

我们假使他能够从正面去思考，就会觉得“丢马其实只是意外，没有人能永远拥有这匹马，再伤心烦恼也没有用”；

如果我们再假设他进行反方向的逆向思考，就会觉得“没有马也好，那样我以后就不用再赌马了，也就不会再有机会把钱赌输给别人，细细想来，即使我能把马儿找回来，以后赛马时万一不小心从马上跌下来、跌伤了、摔断腿了……更得不偿失”；

如果我们假设他转个方向去换位思考，就会认为“缘由天定，此马丢了，或许我可以再买一匹更好的马，旧的不去，新的不来嘛”，心里就会释然许多。

同样，离婚、失恋、单相思、失业等痛苦事情，我们也可以朝积极方向进行思考。

②人不转心转

很多时候，我们往往很难改变别人的观念和决定，没有办法弄走他，自己又不愿离开……那就只有设法改变自己的心态了。

欣如在日本读书时，一位舍友有些啰嗦，经常找一些鸡毛蒜皮的事与欣如较真。有一次欣如生气了，她就狠狠地跟舍友吵了一架，弄得双方都很不高兴。

事后，欣如想，我暂时无法改变舍友的处世作风，但是，也无法将其赶走，而自己暂时又不打算搬离该宿舍，就只好在内心里说服自己“委曲求全”。

于是，欣如就去向舍友赔不是，说自己不知怎么一时糊涂了，竟然莫名地生气，并把这个气发到舍友身上了，是自己的不好，请舍友原谅，以后还需要舍友多多照顾。从此，舍友再也不找欣如的麻烦，双方至今还保持着良好的互动沟通。

③改变认知，重新诠释，重新解读，重新定义

日常生活中，我们所接触的很多已经被定义了的事物，事实上其定义也许不一定是积极的、准确的、理想的，为了改变我们的“刻板偏见”，可以重新将“被嘲笑、被诽谤、被骂、被侮辱……”的事情进行再定义，再生新的诠释内容。

④改变心态

心态是内心的态度，对人、事、物想法看法的状态，心里的主张。改变心态，就是改变内心的观点、态度，例如悲观的心态、消极的态度，转变为积极的态度。

改变对生离死别的观点：

一个人在大地震中，妻子、女儿丧生，儿子残废，内心充满悲伤和对恐惧地震的阴影。经过心理康复训练才想通：自己大难不死，应该好好活下去。他化悲愤为力量，开始当义工，帮助抢救工作，也劝儿子要勇敢，要改变心态，不要自怜自卑，脚断了但生命还在，明天，太阳还会升起来，日子还是要过。儿子也改变心态重回学校，过上正常的生活。

曾任美国国会参议员的爱尔默·托马斯，15岁时长得很高，瘦得像竹竿，但是打球、赛跑各方面却都不如别人，同学取笑

他，给一个“马脸”的封号。托马斯内心充满烦恼和自卑，经过情绪管理的学习，托马斯克服了自卑感，战胜了尴尬的心态，重获信心和勇气，健康的心理彻底改变了他的一生。

(2) 释放负面认知

日常生活中，我们每个人难免会有一些忧虑、担心等负面记忆的存在，而这些负面的记忆长期积压之后，压抑在我们内心的执念之中，累积多了就会形成压力。

特别对于一些不平的想法、不合理之事、受屈受辱的记忆……压抑在我们的执念之中太久了往往会对心灵造成创伤，应当设法把它们从内心之中释放出来。那么，如何释放呢？也许我们可以站在高山上大声吼叫，或者找一个没有人的地方痛痛快快地大哭一场，抑或清醒地摔些无关紧要的东西，特别是对非贵重物品摔打也可以发泄。在日本、美国、韩国，有人注册了一些专供人们“发泄”的出气公司，他们会花小钱买来一些廉价的模特、道具等商品供要发泄的人摔打、报复，然后再照单收款。

(3) 远离感受环境

远离感受，其实就是离开负面的生活环境，主动选择感受的有效信息，远离或避免负面的刺激。

生活中，我们要想管理好自己的情绪，就不要主动去感受过多的负面环境，要善于断绝负面情绪信息的来源。如果不看某些事情，我们就可以“眼不见为净”，如果不听某些事情，我们就当自己“不知道就没事了”。

事实上，凡事均可以改变情境，感受不同情境可以让我们避免触景伤情。或者选择正面而有益的情绪信息，或者播种有利的想法、观念、行为，或者选择感识感受积极的信息，避免吸收负面的信息，从而达到稳定情绪的目的。

下面，我们简单地举几个例子来进行分析说明。

一个成年女子，因为空虚看了很多恐怖片，从此内心有了不少恐怖片中的恐怖情节。于是，她每每在遇到类似情景时，就会产生恐怖的情绪。

我们如果听了某些神奇鬼怪的事情，或被相命人士告知我们某年某月会有“厄运”，往往就会有厄运的预期，有时候即使没有“厄运”，也会找出“厄运”的情节来“证实”其灵验。

因此，我们应该不断净化自己内心记忆的种子，不要为了好奇而花太多的时间去看恐怖片或乱看手相、算命、听鬼故事，应严肃保持心灵的净化与单纯，坚决消除可能产生负面情绪的意识。

那么，我们应该如何选择正确的信息？

①离开现场，避免受刺激

争论吵架时人们往往互相刺激，双方急于辩解，急于反驳，脸上的表情、肢体动作互相感染，相互刺激，越争越气。最好的方法是先离开一阵，进行“冷处理”，比如倒杯茶、喝点水、上洗手间等，让感识不再继续被刺激。劝说不动对方，对方不转变，自己先转变，正所谓：“山不转水转，人不转心转。”

②远离伤心之地，避免触景伤情

失意、失恋，容易触景伤情。应改变环境，离开伤心的地方，通过转换不同的环境，不同的人、事、物，来避免继续受到同样的刺激。因此，失恋时，可以外出旅游，不仅能够陶醉于美丽的大自然，心旷神怡，还能舒解心中不愉快的情绪意念。

(4) 播种善念

内心中每一种想法、每一种观念，就像是不同品种的种子，我们种下什么种子，就会结出与种子相同属性的果实。也就是说，如果我们的内心的想法是爱，那么，我们往往就会产生出“爱的情绪觉知”；如果我们内心中想的是愤恨，往往就会产生出某种“恨的情绪”。

所以，要想保持较好的情绪，就要储存好的观念和想法，因为种善因才能得善果。情绪管理就是要多播种善因，即播种善念、培养好的观念和想法，这样自然会产生好的情绪之果。

在生活与工作中，多做一些有功德的好事，多播种善因，在内心多储存一些好的记忆，让正面的、积极的，可成功发芽、能开花结果的种子埋在你的内心深处。因为有风度、有学识、有好的心态、有善的记忆……从而在生活中，散发出来的心念也是善的，情绪和感觉也是正面的。

(5) 净化心灵

如果我们的内心没有烦恼的想法，就没有忧虑的事情，感觉就不会有忧愁的情绪；内心没有不平事或没有怨恨的想法，就不会有生气的感觉。

通常，我们之所以会感到愤怒或怨恨，其情绪的产生是因为我们的内心有了太多的贪念、无穷的欲望……如果内心的某些欲望未达到，就会产生挫败失望的痛苦。看过武侠书的读者都知道，很多故事中某个坏人的内心常存恶念，于是就为其怨恨、不平、报怨的想法埋下了根，从而会在正义的对面产生愤怒、生气、怨恨的不良情绪。

内心执着、有成见，犹如镜子染尘，反映的影像会失真。我们内心的执着，如果不是择善而固执，一旦固执于自有的主观“成见”，内心的觉识就会依照主观觉识产生想不开、看不清楚、听不明、想不通的困境，这就是“困扰”形成的原因。

(6) 心灵充电

工作时间长了，会感受疲惫；事情不顺心，会感觉压力大，不论体力、心力都感觉有种无力感，缺乏斗志，产生消极的情绪，此时需要给心灵充电。心灵充电可以放松心情，舒缓紧张情绪。心灵充电主要有下列方式：

休息——冲凉后美美地睡上一觉，或带着孩子出去玩，或干一些简单的家务……

散步——一个人独自在马路上漫步，或与爱人一起牵手前行，或约几个好友边走边聊……

娱乐——唱卡拉OK、打游戏、与朋友去公园玩、打牌……

听音乐——听交响乐、参加明星演唱会、听教育光碟、听学习录音……

看电视——看名人对话、专家大讲堂、足球评论、连续剧、现场直播节目……

运动—— 跑步、练拳击、打篮球、跳绳、赛跑、骑自行车……

打球—— 打乒乓球、打网球、打高尔夫、打台球、踢足球、打棒球、掷铅球……

爬山——上山野炊、与爱人游山玩水、与朋友比赛登山……

旅游 ——市内旅游、省内旅游、国内旅游、国外旅游、故地重游……

谈心聊天—— 与朋友谈心、与老师谈心、与爱人谈心、与家人谈心……

(7) 静心

静坐，冷静；打坐，修心。静心可以使急躁的心念沉淀下来，使烦躁的情绪安静下来，更可以启发灵感，产生顿悟，发挥潜能。这部分在情绪控制中至关重要。

①静坐。坐在椅子上、床上或轿车里，随时可以闭目养神，甚至打瞌睡。坐前，将头摆正，手平放腿上，坐直坐稳，身体不要摇动。调呼吸，将呼吸拉长变慢，从头部往下放轻松，放轻松，再放轻松，心自然静下来。

②立静。双脚平行站稳，头摆正，身站直，手扶柱子（如无柱子就平放于两腿外侧），站稳使身体不摇动。如站在公交车上，车子振动，也要像高楼的避震器一样保持平衡；注意呼吸，从头部、眼皮、嘴唇、双眉、手臂、手掌、手指逐步放

松，慢慢就进入冷静朦胧的休息状态。

③卧休。平躺在床上，手脚自然平放，不用意志力控制，不要有压迫感，如有不舒服之处，用手轻抚。调好姿势之后，调呼吸，放轻松，心就会平静下来。开始之后即使再有不舒服，或手痒、脚痒、头痒也不要理它，不要再动，意识自然往下沉，进入心安之境。

(8) 信仰

把问题与自己的责任、身上的使命、未来的伟大事业……一比较，会发现自己没有时间去计较很多身边的小事。同样，很多有信仰的朋友通过祈祷、祷告，把内心的烦恼交给自己的信仰，释放内心负面的情绪，将内心矛盾冲突的想法发泄出来，从而解决情绪的问题。

美国作家霍尔姆斯曾经说过："人把自己的想法（或者称之为'念头'）扩展成为一种新的观念之后，就再也不可能回到原来的面目中去了。"因此，我们一定要学会应变，千万不要一成不变。